菜根谭

（明）洪应明／著

古人论述、修养、人生、处世、出世的语录集

辽海出版社

壹

图书在版编目（CIP）数据

菜根谭/（明）洪应明著. —沈阳：辽海出版社，2014.12（文化百科）

ISBN 978-7-5451-3232-8

Ⅰ.①菜…　Ⅱ.①洪…　Ⅲ.①个人—修养—中国—明代　Ⅳ.①B825

中国版本图书馆 CIP 数据核字（2014）第 259280 号

菜根谭

责任编辑：段扬华　柳海松　冷厚诚

责任校对：顾　季

装帧设计：马寄萍

出 版 者：辽海出版社

地　　址：沈阳市和平区十一纬路 29 号

邮政编码：110003

电　　话：024－23284473

E-mail：dyh550912@163.com

印 刷 者：北京一鑫印务有限责任公司

发 行 者：辽海出版社

开　　本：787mm×1092mm　　1/16

印　　张：80

字　　数：1280 千字

出版时间：2015 年 1 月第 1 版

印刷时间：2015 年 6 月第 2 次印刷

定　　价：498.00 元（全四卷）

前　言

曾几何时，在小学课文中读过《菜根谭》一文。经过岁月的磨砺，早已记不清《菜根谭》的基本内容了。

在一个偶然的机会里，我在一个旧书摊上又发现了《菜根谭》一书。我如获至宝，买回家中，细细品味了一番，很觉菜根的味道。于是萌生阐发《菜根谭》之志。

原《菜根谭》系明代洪应明所写，囊括了中国数千年智慧的精华，颇能智者见智，仁者见仁。

毛泽东说："嚼得菜根者，百事可做。"不无道理。

本书共分七部分。第一部分总论，根据原《菜根谭》，适当解释；第二部分至第七部分，分别从修身、治学、齐家、为政、驭人、处世七方面对《菜根谭》进行阐发，深刻剖析《菜根谭》对社会生活各个方面的影响，具有现实指导意义。

在本书的写作过程中，参阅了大量资料，由于时间仓促，未能与有关作者一一沟通，不到之处敬请原谅！

编　　者

目　　录

第一篇　总　论

第二篇　修身卷

目

录

●

一
九

第三篇　治学卷

第一篇 总 论

总　　论

一、观物外之物　思身后之身

【原文】　栖守道德者，寂寞一时；依阿权势者，凄凉万古。达人观物外之物，思身后之身；宁受一时之寂寞，毋取万古之凄凉。

【译文】　一个能够坚守道德准则的人，也许会寂寞一时；一个依附权贵的人，必定有永远的孤独。通达知命的人，考虑到死后的千古名誉，所以宁可忍受一时的寂寞，也决不选择万世的凄凉。

二、与其练达　不若朴鲁

【原文】　涉世浅，点染亦浅；历事深，机械亦深。故君子与其练达，不若朴鲁；与其曲谨，不若疏狂。

【译文】　一个刚刚涉足社会的人，阅历不深，受到不良习气的影响也少；而阅历丰富的人，所懂得的奸谋技巧也很多。所以，有才德的人，与其过于精明圆滑，不如朴实笃厚；与其谨小慎微曲意迎合，不如坦荡大度。

三、心事如天青　才华似珠藏

【原文】　君子之心事，天青日白，不可使人不知；君子之才华，玉韫珠藏，不可使人易知。

【译文】 有才德的人，思想行为应该像青天白日一样光明磊落，没有不能让人知道的事情；才情和能力应该像珍贵的珠宝一样不浅浮外露，决不轻易地向人炫耀。

四、近利而洁　有机乃弃

【原文】 势利纷华，不近者为洁，近之而不染者为尤洁；智械机巧，不知者为高，知之而不用者为尤高。

【译文】 面对诱人的荣华富贵和权势名利，不去接近是志向高洁—然而接近了却不受污染则更为品质高尚；面对计谋权术这样的奸滑手段，不知道固然是高尚的，而知道了却不用则更为高尚可贵。

宋人《白头丛竹图》

五、耳闻逆耳之言　心怀拂心之事

【原文】 耳中常闻逆耳之言，心中常有拂心之事，才是进德修行的砥石。若言言悦耳，事事快心，便把此生埋在鸩毒中矣。

【译文】 耳中能够经常听到一些不顺耳的话，心里常常想到一些不顺心的事，这样才是修炼道德品行的磨砺方法；如果听到的话句句都顺耳，遇到的事件件都顺心，那么这一生就如同浸在毒药中一样。

六、和气喜神　天人一理

【原文】　疾风怒雨，禽鸟戚戚；霁日光风，草木欣欣。可见天地不可一日无和气，人心不可一日无喜神。

【译文】　狂风暴雨会使飞鸟走兽都感到悲伤；风和日丽会使花草树木欣欣向荣。人间不能够一天没有祥和安宁的气氛，人的心中不能够一天没有欣喜乐观的心情。

七、真味只是淡　至人只是常

【原文】　醲肥辛甘非真味，真味只是淡；神奇卓异非至人，至人只是常。

【译文】　烈酒、肥肉、辛辣、甘甜并不是真正的美味，真正的美味是清淡平和；行为举止奇特怪异不是真正德行完美的人，真正德行完美的人和普通人一样。

八、闲时有紧心　忙时有闲味

【原文】　天地寂然不动，而气机无息稍停；日月昼夜奔驰，而贞明万古不易。故君子闲时要有吃紧的心思，忙处要有修悠闲的趣味。

【译文】　天地看起来好像很安宁没有什么变动，其实充盈在里面的阴阳之气没有一刻会停歇；太阳和月亮白天黑夜不停地运转，但光明自古以来没有改变。所以有才德的人在闲散时要有紧迫感，在忙碌时要有悠闲的情趣。

九、独坐观心　妄穷真露

【原文】　夜深人静独坐观心，始觉妄穷而真独露，每于此中得大机趣；既觉真现而妄难逃，又于此中得大惭忸。

【译文】　夜深人静之时，独自坐下静观自己的内心深处，天始觉得私心杂念都没有了而流露出本性中的真，每每从中领悟生命的真义；继而觉得真性流露但杂念仍然无法消除，同时又感到很惭愧。

一〇、快意早回头　拂心莫放手

【原文】　恩里由来生害，故快意时，须早回首；败后或反成功，故拂心处，莫便放手。

【译文】　在得到恩惠时往往会招来祸害，所以在得心快意的时候要想到早点回头；在失败挫折后或许反而成功，所以在不如意的时候不要轻易放弃追求。

一一、志以淡泊明　节从肥甘丧

【原文】　藜口苋肠者，多冰清玉洁；衮衣玉食者，甘婢膝奴颜。盖志以澹泊明，而节从肥甘丧也。

【译文】　享受粗茶淡饭的人，大多冰清玉洁；享受锦衣玉食的人，大多奴颜婢膝。所以从淡泊名利中可以明志，从锦衣玉食中可以丧节。

一二、田地要放宽　惠泽要流久

【原文】　面前的田地，要放得宽，使人无不平之叹；身后的惠泽，要流得久，使人有不匮之思。

【译文】　为人处世要心胸开阔，与人为善，使人不会有不平的怨恨；死后留下的福泽，要流传得长久，才会赢得后人无穷的怀念。

一三、路窄留一步　味浓减三分

【原文】　径路窄处，留一步与人行；滋味浓的，减三分让人尝。此是涉世一极安乐法。

【译文】　经过狭窄的道路时，要留一步让别人走得过去；在享受甘美的滋味时，要分一些给别人品尝。这就是为人处世中平安快乐的最好方法。

一四、脱俗入名流　除累超圣境

【原文】　作人无甚高远事业，摆脱得俗情，便入名流；为学无甚增益功夫，减除得物累，便超圣境。

【译文】　做人并没有什么高远的事业，能够摆脱世俗的功名利禄，就可跻身于名流；做学问没有什么增益的功夫，能够去除名利的束缚，便超出了圣贤的境界。

一五、侠气交友　素心做人

【原文】　交友带三分侠气；做人要存一点素心。

【译文】 交朋友要有几分侠肝义胆的气概；为人处世要保存一种朴素的情怀。

一六、利毋居人前　德毋落人后

【原文】 宠利毋居人前，德业毋落人后，受享毋逾分外，修为毋减分中。

【译文】 能获利的事情不要抢在别人前面去争取，能积德的事情不要落在别人后面，接受分享要谨守本分，修身养性不要放弃自己应该遵守的标准。

一七、处世让一步　待人宽一分

【原文】 处世让一步为高，退步即进步的张本；待人宽一分是福，利人实利己的根基。

【译文】 为人处世能够忍让高明，因为退让一步往往更有利进步；对待他人宽容大度是福，因为便利别人是方便自己的基础。

一八、矜而无功　悔而改过

【原文】 盖世功劳，当不得一个矜字；弥天罪过，当不是一个悔字。

马麟《层叠冰绡图》

【译文】 一个人即使立下了汗马功劳，如果他恃功自傲自以为是的话，他的功劳很快就会消失殆尽；一个人即使犯下了滔天大罪，却能够浪子回头改邪归正的话，那么他的罪过也会被他的悔悟所弥补。

一九、美名莫独任　污行莫全推

【原文】　完名美节，不宜独任，分些与人，可以远害全身；辱行污名，不宜全推，引些归己，可以韬光养德。

【译文】　完美的名声和节操，不应该自己独自拥有，与大家共同分享，可以避免发生祸害之事而保全自己；令人耻辱的事情和名声，不应该全部推到别人身上，自己主动承担几分责任，才能够做到收敛光芒修养品德。

二〇、业不求满　功不求盈

【原文】　事事留个有余不尽的意思，便造物不能忌我，鬼神不能损我；若业必求满，功必求盈者，不生内变，必招外忧。

【译文】　如果做任何事都能留些余地，那么全能的造物主就不会忌恨我，鬼神也不能对我有所伤害；如果做事情一定要做到极点，求取功名一定要得到最高，那么即使内部不发生变化，也必然会招来外面的忧患。

二一、诚心和气　胜于观心

【原文】　家庭有个真佛，日用用种真道，人能诚心和气，愉色婉言，使父母兄弟间，形骸两释，意气交流，胜于调息观心万倍矣！

【译文】　家庭有一个真正的信仰，日常生活中遵循一个真正的原则，人与人之间能够心平气和，坦诚相见，脸色和气；言语委婉，使父母兄弟之间感情融洽，没有隔阂，意气相投，这比起坐禅调息、观心内省要强万倍。

二二、云止水中　动寂适宜

【原文】　好动者，云电风灯；嗜寂者，死灰槁木。须定云止水中，有鸢飞鱼跃气象，才是有道的心体。

【译文】　一个好动的人，就像云中的闪电一样飘忽不定，又像风中的残灯孤烛一样忽明忽暗，而一个嗜好安静的人就像火已经熄灭的灰烬，又像已毫无生机的枯木。应该像在静止的云中有飞翔的鸢鸟，在不动的水中有跳跃的鱼儿，用这种心态来观察万事万物，才算是达到了真正符合道的理想境界。

二三、攻恶勿太严　教善勿太高

【原文】　功人之恶，毋太严，要思其堪受；教人以善，毋过高，当使其可从。

【译文】　批评别人的过错不要太严厉，要顾及到别人是否能够承受；教人家做善事，也不要要求过高，应当使人可以跟从。

二四、洁常自污出　明每从暗生

【原文】　粪虫至秽，变为蝉而饮露于秋风；腐草无光，化为萤而耀采于夏月。因知洁常自污秽出，明每从晦生也。

【译文】　在粪土中生活的幼虫是最为肮脏的东西，可是它一旦蜕变成蝉后，却在秋风中吸饮洁净的露水；腐败的草堆本身不会发出光彩，可是它化为萤火虫却在夏夜里闪耀出点点萤光。所以可以推知，洁净最初出自污，而光明常常从晦暗中产生。

二五、降服客气　消杀妄心

【原文】　矜高倨傲，无非客气；降服得客气下，而后正气伸。情俗意识，尽属妄心；消杀得妄心尽，而后真心现。

【译文】　一个人之所以心气高傲，无非是利用一些虚假的言行来装腔作势，如果能够制伏这种习气，心中的浩然之气就可以伸张出来；心中的七情六欲都是意念活动的妄想，如果能够消除这些念头，真正的本性就会出现。

二六、以事后之悔悟　破临事之痴迷

【原文】　饱后思味，则浓淡之境都消；色后思淫，则男女之见尽绝。故人常以事后之悔悟，破临事之痴迷，则性定而动无不正。

【译文】　如果在吃饱喝足之后想所食的味道，那么食物的所有甘美味道都体会不出；满足了色欲之后再来回想淫邪之事，一定无法激起男欢女爱的念头。所以人们如果常常用事后的悔悟心情，来解除眼前的痴迷，便可以保持自己纯真的本性，行动便会正确。

二七、居轩冕思山林　处林泉怀廊庙

【原文】　居轩冕之中，不可无山林的气味；处林泉之下，须要怀廊庙的经纶。

【译文】　身居要职享受高官厚禄，不可没有山林之中淡泊名利的思想；而隐居山林清泉，要有心怀社稷的胸怀大志和才能。

二八、处世无过是功　与人无怨是德

【原文】　处世不必邀功，无过便是功；与人不求感德，无怨便是德。

【译文】　为人处世不能够刻意去追逐名利，能够做到不犯错误就是最大的功劳；对待他人多予施舍不一定要求回报，只要别人没有怨恨，就是最好的回报。

二九、忧勤是美德　澹泊是高风

【原文】　忧勤是美德，太苦则无以适性怡情；澹泊是高风，太枯则无以济人利物。

【译文】　忧虑、勤劳本来是一种美德，但如果过于劳苦，就发挥和调节自己的性情；淡泊寡欲本来是一种高尚的情操，但如果过分枯燥，就无法济世救人。

三〇、原其初心　观其末路

【原文】　事穷势蹙之人，当原其初心；功成行满之士，要观其末路。

【译文】　对于在事业上遭受失败、穷途末路的人，应当体谅他的初衷；对于事业成功万事圆满的人，要观看他今后的发展。

三一、富贵宜宽厚　聪明宜敛藏

【原文】　富贵家宜宽厚，而反忌刻，是富贵而贫贱其行矣！如何能享？聪明人宜敛藏，而反炫耀，是聪明而愚懵其病矣！如何不败？

【译文】　富贵之家应该待人宽容、仁厚，如果对人挑剔、苛刻，那么即使是处在富贵之中，其行为和贫贱无知的人没有差别，怎么能够长久享受；聪明有才华的人应该隐藏自己的才智，如果到处炫耀张扬，那么这种聪明就跟愚蠢没有什么区别，哪有不败的道理。

三二、居卑而知登高之危　守静而知好动之劳

【原文】　居卑而后知登高之为危，处晦而后知向明之太露；守静而后知好动之过劳，养默而后知多言之为躁。

【译文】　地位低下才知道攀居高位将面临危险，经过黑暗才知道向往光明后过于暴露；守持安静才知道性格好动后会过于辛劳，修成沉默才知道多言后会显露烦躁。

恽寿平《山水花鸟册》

三三、放下名禄可脱凡　放下仁德可入圣

【原文】　放得功名富贵之心下，便可脱凡；放得道德仁义之心下，才可入圣。

【译文】　如果能够抛弃功名富贵之心，就能做一个超凡脱俗的人；如

果能够摆脱仁义道德之心，就可以达到圣人的境界。

三四、利欲未尽害心　声色未必障道

【原文】　利欲未尽害心，意见乃害心之蟊贼；声色未必障道，聪明乃障道之藩屏。

【译文】　名利和欲望未必能够伤害自己的心性，偏见才是残害心灵的毒虫；淫乐美色并不一定会妨碍一个人的修为，自作聪明才是影响修为的障碍。

三五、知退一步　加让三分

【原文】　人情反复，世路崎岖。行不去处，须知退一步之法；行得去处，务加让三分之功。

【译文】　人情的反复不定，人生之路充满坎坷。在走不通的地方，要知道退让一步让人先行的方法；在走得过去的地方，也一定要深悉给予人家三分的功效。

三六、待小人难于不恶　待君子难于有礼

【原文】　待小人，不难于严，而难于不恶；待君子，不难于恭，而难于有礼。

【译文】　对待小人，要做到对他们严厉并不难，难的是不能表现凶恶；对待君子，要做到对他们恭敬并不难，难的是施以适当的礼节。

三七、留正气还天地　遗清白在乾坤

【原文】　宁守浑噩而黜聪明，留些正气还天地；宁谢纷华而甘澹泊，遗个清白在乾坤。

【译文】　做人宁可保持纯朴而抛弃机心巧诈的聪明，也要留些浩然正气还给大自然；宁可谢绝富丽繁华而甘于淡泊宁静，也要留个清白的声名在世间。

三八、降魔先降自心　驭横先驭此气

【原文】　降魔者，先降自心，心伏则群魔退听；驭横者，先驭此气，气平则外横不侵。

【译文】　要想降伏恶魔，必须先降伏自己内心的邪念，自己内心的邪念去除了，所有的恶魔自然会消除；要想驾驭横行不法，必须先控制自己浮躁的情绪，把自己的浮躁情绪控制住了，那些外来的悖乱事物就自然不会侵入。

三九、严出入　谨交游

【原文】　教弟子如养闺女，最要严出入谨交游；若一接近匪人，是清净田中下一不净的种子，便终身难植嘉禾矣！

【译文】　教育弟子就好像养闺中的女儿一样，最重要的是严格管理其进出，注意交往。一旦让她结交了品行不端的朋友，就好像在肥沃的土地中，播下了一颗不良的种子，这样一来就永远也种不出好的庄稼了。

四〇、欲路毋染　理路毋退

【原文】　欲路上事，毋乐其便而姑为染指，一染指便深入万仞；理路上事，毋惮其难而稍为退步，一退步便远隔千山。

【译文】　欲念方面的事，不要因为贪图眼前的方便而随意沾染，一旦放纵自己就会堕入万丈深渊；义理方面的事，不要因为害怕困难而退缩不前，一旦退缩就会与真理远隔万水千山。

四一、不可太浓艳　不宜太枯寂

【原文】　念头浓者，自待厚，待人亦厚，处处皆浓；念头淡者，自待薄，待人亦薄，事事皆淡。故君子居常嗜好，不可太浓艳，亦不宜太枯寂。

【译文】　一个思绪缜密的人，往往能够善待自己，同时也能善待别人，处处都缜密；一个思密不周，往往对自己苛薄，对待他人也刻薄，从而事事都苛薄。所以有才德人，日常生活喜好，既不可过度奢侈华丽，也不可过度枯燥、孤寂。

四二、不为君相所牢笼　不受造物之陶铸

【原文】　彼富我仁，彼爵我义，君子故不为君相所牢笼；人定胜天，志一动气，君子亦不受造物之陶铸。

【译文】　别人拥有富贵我拥有仁德，别人拥有爵禄我拥有义气，有才德的人就不会被统治者的高官厚禄所束缚；人一定能够战胜，意志坚定可以发挥出无坚不摧的精气，有才德的人也不会被造物者所局限。

四三、立身不高难以超达　处世不退难以安乐

【原文】　立身不高一步立，如尘里振衣，泥中濯足，如何超达；处世不退一步处，如飞蛾投烛，羝羊触藩蘺，如何安乐。

【译文】　立身如果不能站在更高的境界，就如同在灰尘中抖衣服，在泥水中洗脚一样，怎么能够做到超凡脱俗呢？为人处世如果不退一步着想，就像飞蛾投入烛火中，公羊用角去抵藩蘺一样，怎么会有安乐的生活呢？

四四、修德勿留意功名　读书勿寄兴风雅

【原文】　学者要收拾精神，并归一路。如修德而留意于事功名誉，必无实诣；读书而寄兴于吟咏风雅，定不深心。

【译文】　做学问就要集中精神，一心一意致力于研究。如果在修养道德的时候仍不忘记功劳与名誉，必定不会有真正的造诣；如果读书的时候仍喜欢附庸风雅，必定难以深入内心。

杨子华《北齐校书图》

四五、欲闭情封　咫尺千里

【原文】　人人有个大慈悲，维摩屠刽无二心也；处处有种真趣味，金屋茅簷非两地也。只是欲闭情封，当面错过，便咫尺千里矣。

【译文】　每个人都有一颗大慈悲的心，维摩居士和屠夫刽子手之间并

没有什么不同；人间处处都有一种真正的情趣，金宅玉宇和草寮茅屋也没有什么两样。如果人心被欲念和私情所蒙蔽，错过了慈悲心与真情趣，虽然看起来只有咫尺的距离，实际上已经相差千万里了。

四六、进德修道怀木石念　济世经邦具云水趣

【原文】　进德修道，要个木石的念头，若一有欣羡，便趋欲境；济世经邦，要段云水的趣味，若一有贪著，便坠危机。

【译文】　凡是培养道德磨炼心性的人，必须具有木石般坚定的意志，如果对名利奢华稍有羡慕，那么就会落入被物欲困扰的境地；凡是治理国家拯救世间的人，必须有一种行云流水般淡泊的胸怀，如果有贪图荣华富贵的念头，就会陷入危险的深渊。

四七、善人无非和气　凶人浑身杀机

【原文】　善人无论作用安详，即梦寐神魂，无非和气；凶人无论行事狠戾，即声音笑语，浑是杀机。

【译文】　心地善良的人不要说其一言一行都很安详，即使是睡梦中的神情，也都洋溢着祥和；风狠的人不要说其为人处事凶狠狡诈，即使是在谈笑之中，也一样肃杀恐怖。

四八、无得罪于昭昭　无得罪于冥冥

【原文】　肝受病，则目不能视，肾受病，则耳不能听；病受于人所不见，必发于人所共见。故君子欲无得罪于昭昭，先无得罪于冥冥。

【译文】　肝脏有了疾病，眼睛就会看不见，肾脏发生毛病，耳朵就会听不见；病症发生在人看不见的地方，可是一定人看见。所以有才德的人要

想在明处不表现出过错，那么就要先在不易察觉的细微之处不犯过错。

四九、少事为福　多心为祸

【原文】　福莫福于少事，祸莫祸于多心。唯苦事者，方知少事之为福；唯平心者，始知多心之为祸。

【译文】　人生最大的幸福莫过于没有无谓的牵挂，而最大的灾祸莫过于费心猜忌。只有每天辛苦忙碌的人，才知道无事清闲的幸福；只有心宁气平的人，才知道疑神疑鬼的祸害。

五〇、处世方圆并用　待人宽严互存

【原文】　处治世宜方，处乱世当圆，处叔季之世当方圆并用；待善人宜宽，待恶人当严，待庸众之人当宽严互存。

【译文】　生活在太平盛世，为人处世应当严正刚直，生活在动荡不安的时代，为人处世应当圆滑老练，生活在衰乱将亡的时代，为人处世就要方圆并用；对待心地善良的人，应当宽容，对待凶恶的人应当严厉，对待那些庸碌平凡的众生则应当宽容和严厉互用。

五一、过不可不念　功不可不忘

【原文】　我有功于人不可念，而过则不可不念；人有恩于我不可忘，而怨则不可不忘。

【译文】　我对别人有恩惠不应该总是记挂在心中，我对不住别人应当时时反省；别人对我有恩惠不能够不牢记心中，别人对我有过失应当及时忘掉。

五二、施恩可当万钟之惠　利物难成一文之功

【原文】　施恩者，内不见己，外不见人，则斗粟可当万钟之惠；利物者，计己之施，责人之报，虽百镒难成一文之功。

【译文】　一个布施恩惠于人的人，不应总将此事记挂在内心，也不应对外宣扬，那么即使是一斗粟的恩惠也可以得到万斗的回报；以财物帮助别人的人，总在计较对他人的施舍，而要求别人予以报答，那么即使是付出万两黄金，也难有一文钱的功德。

五三、相观对治　方便法门

【原文】　人之际遇，有齐有不齐，而能使己独齐乎？己之情理，有顺有不顺，而能使人皆顺乎？以此相观对治，亦是一方便法门。

【译文】　人生的遭遇有顺利有不顺利，所处的境况各有不同，怎么能要求唯独自己要求特别幸运呢？自己的情绪有平静的时候也有烦躁的时候，每个人的情绪也各有不同，怎么能要求别人时刻都心平气和呢？用这种方法反躬自问，将心比心，也是一种进修品德的好方法。

五四、心地干净　方可学古

【原文】　心地干净，方可读书学古。不然，见一善行，窃以济私，闻一善言，假以覆短，是又藉寇兵而济盗粮矣。

【译文】　心中有一方净土，才能够研读诗书学习圣贤。如果不是这样的话，看见一个好的行为就偷偷地用来满足自己的私欲，听到一句好的话就借以来掩盖自己的缺点，这种行为便成了向资助敌人而向盗贼赠送粮食了。

五五、奢莫如贫而有余　能莫如逸而全真

【原文】　奢者富而不足，何如俭者贫而有余；能者劳而府怨，何如拙者逸而全真。

【译文】　生活奢侈的人即使拥有再多的财富也不会感到满足，哪里比得上那些虽然贫穷却有富余的人呢；有能力的人辛勤劳作而招致众人的怨恨，还不如那些生性笨拙的人无所事事而保持纯真的本性。

张激《白莲社图》（局部）

五六、读书居官　讲学立业

【原文】　读书不见圣贤，如铅椠庸；居官不爱子民，如衣冠盗；讲学不尚躬行，如口头禅；立业不思种德，如眼前花。

【译文】　读书却不洞察古代圣贤的思想精髓，只会成为一个写字匠；做官却不爱护黎民百姓，就像一个穿着官服戴着官帽的强盗；讲习学问却不身体力行，就像一个只会口头念经却不通径义的和尚；创立事业却不考虑积累功德，就像昙花一现般会马上凋谢。

五七、扫除外物　直觉本来

【原文】　人心有一部真文章，都被残篇断简封锢了；有一部真鼓吹，都被妖歌艳舞淹没了。学者须扫除外物，直觉本来，才有个真受用。

【译文】　每个人心中都有一部真正美妙的好文章，可惜都被残缺不全的杂乱文章所封闭；每个人的心中都有一首旋律美妙的好乐曲，可惜都被那些妖冶的歌声艳丽的舞蹈所淹没。做学问的人一定要排除外界的诱惑，直接去寻求最自然的本性，才能求得真正享用不尽的真学问。

五八、苦中得趣　得意生悲

【原文】　苦心中，常得悦心之趣；得意时，便生失意之悲。

【译文】　人们在苦心追求时，常常因追求成功而觉得乐趣无穷；人们在得意时，常常因时常失意而悲伤。

五九、富贵名誉　所来不一

【原文】　富贵名誉，自道德来者，如山林中花，自是舒徐繁衍；自功业来者，如盆槛中花，便有迁徙兴废；若以权力得者，如瓶钵中花，其根不植，其萎可立而待矣。

【译文】　世间的财富地位和名声，如果是通过提高品行和修养得来，那么就像生长着的漫山遍野的花草，自然会繁荣昌盛绵延不断；如果是通过建立功业所换来，那么就像生长在花盆中的花草，会因为迁移变动兴废不定；如果是通过玩弄权术得到，那么就像插在花瓶中的花草，因为没有根基，就会很快枯萎。

六○、虽在世百年　恰未生一日

【原文】　春至时和，花尚铺一段好色，鸟且啭几句好音。士君子幸列头角，复遇温饱，不思立好言，行好事，虽是在世百年，恰似未生一日。

【译文】　春天到来时，风和日丽，花草树木都会争为大自然铺上一道美丽的风景，林间的鸟儿也会婉转啼鸣出美妙的音乐。读书人有幸出人头地，又能够过上丰衣足食的生活，如果不思考写下不朽的篇章，多做几件善事，即使能活到百岁，也好象没有出世一样。

六一、敛否清苦　何以育物

【原文】　学者有段兢业的心思，又要有段潇洒的趣味。若一味敛束清苦，是有秋杀无春生，何以发育万物。

【译文】　做学问的人要抱有专心求学的想法，又要有大度洒脱的情怀，才能体会到人生的真趣味。如果一味地约束自己的言行，过着清苦的生活，就只会像秋天一样充满萧杀凄凉之感，而缺乏春天般万木争发的勃勃生机，如何去培育万物呢？

六二、立名正为贪　用术乃为拙

【原文】　真廉无廉名，立名者正所以为贪；大巧无巧术，用术者乃所以为拙。

【译文】　真正廉洁的人并不一定要树立廉洁的名声，那些为自己树立名声的人正是因为贪图名声；一个真正有着大智慧的人不会去卖弄技巧，玩弄技巧的人正是为了掩饰自己的拙劣。

六三、宁居无不居有　宁居缺不处完

【原文】　欹器以满覆，扑满以空全。故君子宁居无不居有，宁居缺不处完。

【译文】　欹器因为装满了水才会倾覆，扑满因为空无一物才得以保全。所以有才德的人宁可无所作为而不愿有所争夺，宁可有些欠缺而不会十分完满。

六四、名根未拔总堕尘情　客气未融终为剩技

【原文】　名根未拔者，纵轻千乘甘一瓢，总堕尘情；客气未融者，虽泽四海利万世，终为剩技。

【译文】　追逐名利的思想如果不从内心除掉，即使表面上轻视世间的高官厚禄，甘愿过着一瓢饮的清贫生活，最终也摆不脱名利的诱惑；外来的影响不能被自身正气所化解的人，虽然他的恩惠能够泽及世上所有的人并有利万世，最终也只会成为一种多余的伎俩。

六五、暗室有晴天　白日有厉鬼

【原文】　心体光明，暗室中有青天；念头暗昧，白日下有厉鬼。

【译文】　心地光明，即使是在黑暗的地方，也如同在清明的天空下；思想暧昧，即使在青天白日下也像有恶鬼。

六六、无名无位最真　无忧无虑更甚

【原文】　人知名位为乐，不知无名无位之乐为最真；人知饥寒为忧，不知不饥不寒之忧为更甚。

【译文】　人们只知道有了名声地位是一种快乐，殊不知没有名声地位牵累才是真正的快乐；人们只知道吃不饱穿不暖令人忧愁，殊不知没有饥寒之苦精神空虚忧愁更为痛苦。

崔子忠《长白山仙迹图》

六七、为恶犹有善路　为善也埋恶根

【原文】　为恶而畏人知，恶中犹有善路；为善而急人知，善处即是恶根。

【译文】　做了坏事但怕人知道，虽然是作恶，但还留有一丝改过向善的良知；做了好事却急于想宣扬，做善事的同时却留下邀功图名的伪善。

六八、居安思危　天亦无用

【原文】　天之机缄不测，抑而伸，伸而抑，皆是播弄英雄，颠倒豪杰处。君子只是逆来顺受，居安思危，天亦无所用其伎俩矣。

【译文】　天机的奥妙不可把握，有时让人先陷入困境然后再进入顺境，有时又让人先得意而后失意，不论是处于何种境地，都是上天有意在捉弄那些自命不凡的所谓英雄豪杰。因些，一个有才德的人，如果能够坚忍地度过外来的困厄和挫折，平安之时不忘危难，那么就连上天也没有办法对他施加任何伎俩了。

六九、失之偏颇　难建功业

【原文】　燥性者火炽，遇物则焚；寡恩者冰清，逢物必杀；凝滞固执者，如死水腐木，生机已绝；俱难建功业而延福祉。

【译文】　性情暴躁的人就像炽热的火焰，遇到物体就会焚毁；刻薄寡恩的人就像冰块一样冷酷，遇到物体就会残杀；固执呆板的人，就像静止的死水和腐朽的枯木，毫无一线生机；这些人都难以建立功业、创造福音。

七〇、养喜神招福　去杀机远祸

【原文】　福不可徼，养喜神，以为招福之本而已；祸不可避，去杀机，以为远祸之方而已。

【译文】　福分不可强求，保持愉快的心境，把它作为追求人生幸福的根本；祸患不可逃避，排除怨恨的心绪，把它作为远离祸患的方略。

七一、宁默毋躁　宁拙毋巧

【原文】　十语九中，未必称奇，一语不中，则愆尤骈集；十谋九成，未必归功，一谋不成，则訾议丛兴。君子所以宁默毋躁，宁拙毋巧。

【译文】　十句话有九次很正确，人们也不会称赞，但是如果有一句话不正确，那么就会受到众多的指责；十个谋略有九次成功，人们不一定会赞赏，但是如果有一次谋略失败，那么批评就纷至沓来。这就是有才德的人宁可保持沉默也不浮躁多言，宁可显得笨拙也不自作聪明的缘故。

七二、性气清冷受享亦薄　和气热心福泽绵长

【原文】　天地之气，暖则生，寒则杀。故性气清冷者，受享亦凉薄；惟和气热心之人，其福亦厚，其泽亦长。

【译文】　自然界的气候规律，气候温暖就会催发万物生长，气候寒冷就会使万物萧条沉寂。所以一个人如果心气孤傲冷漠，只会受到同样冷漠的回报；只有那些充满生命热情而又乐于助人的人，他所得到的回报也会丰厚，恩泽也会绵长久远。

七三、天理路宽　人欲路窄

【原文】　天理路上甚宽，稍游心，胸中便觉广大宏朗；人欲路上甚窄，才寄迹，眼前俱是荆棘泥涂。

【译文】　追求自然真理的正道非常宽广，稍微用心追求，就感觉心胸坦荡开朗；追求个人欲望的邪道非常狭窄，刚一跻身于此，就发现眼前布满了荆棘泥泞。

七四、苦乐相磨福始久　疑信相参知始真

【原文】　一苦一乐相磨练，练极而成福者，其福始久；一疑一信相参勘，勘极而成知者，其知始真。

【译文】　在人生路上经过艰难困苦的磨练，磨练到极至就会获得幸福，这样的幸福才会长久；对知识的尊重和怀疑交替验证探索研究，探索到极限所获得的认识，才是千真万确的真理。

七五、心虚义理来居　心实物欲不入

【原文】　心不可不虚，虚则义理来居；心不可不实，实则物欲不入。

【译文】　人不可以不虚怀若谷，只有谦虚谨慎才能获得真知灼见；人不可不坚强执着，只有意志坚定才能不受名利的诱惑。

李唐《采薇图》（局部）

七六、当含垢纳污　不好洁独行

【原文】　地之秽者多生物，水至清者常无鱼；故君子当存含垢纳污之量，不可持好洁独行之操。

【译文】　那些堆满污物的地方，往往滋生许多生物，而极为清澈的水中反而没有鱼儿生长。所以真正有才德的人应该有宽容的气度，绝对不能自命清高独来独往。

七七、多病未足羞　无病是吾忧

【原文】　泛驾之马可就驰驱，跃冶之金终归型范。只一优游不振，便终身无个进步。白沙云："为人多病未足羞，一生无病是吾忧。"真确论也。

【译文】　在原野上奔驰的野马可供人驾驭奔跑，溅到熔炉外面的金属最终还是被人放在模具中熔化成型。而人只要一游手好闲不思振作，就永远不会有什么出息。所以白沙先生说："一个人有很多毛病并不是值得可耻的事，而一生都看不到自己毛病才最令人担忧。"这真是至理名言。

七八、不贪为宝　度越一世

【原文】　人只一念贪私，便销刚为柔，塞智为昏，变恩为惨，染洁为污，坏了一生人品。故古人以不贪为宝，所以度越一世。

【译文】　人只要有一丝贪婪的念头，就会变刚直为柔弱，变聪明为昏康，变慈善为残忍，变高洁为污浊，从而损坏了他一生的品格。所以古人把没有贪念视为修身的法宝，并以此度过终生。

七九、独坐中堂　贼化家人

【原文】　耳目见闻为外贼，情欲意识为内贼。只是主人翁惺惺不昧，独坐中堂，贼便化为家人矣！

【译文】　耳朵听到美音，眼睛看到美色，都是外来的贼，心中的情感和欲念都是人内心中潜藏的贼。只要保持正直清醒，不受诱惑，保持一片纯净的心境，就可以把它们变成帮助自己培养正直品德的好帮手。

八○、保已成之业　防将来之非

【原文】　图未就之功，不如保已成之业；悔既往之失，不如防将来之非。

【译文】　与其去谋划不能完成的事业，不如确保已经完成的事业；与其去追悔过去的失误，不如防止再发生错误。

八一、心思缜密　操守严明

【原文】　气象要高旷，而不可疏狂；心思要缜密，而不可琐屑；趣味要冲淡，而不可偏枯；操守要严明，而不可激烈。

【译文】　一个人气度要高远旷达，不能太粗疏狂放；思维要细致周密，不能太杂乱琐碎；趣味要高雅清淡，不能太单调枯燥；节操要严正光明，不要偏执刚烈。

八二、风过疏竹不留声　雁去寒潭不留影

【原文】　风来疏竹，风过而竹不留声；雁渡寒潭，雁去而潭不留影。故君子事来而心始现，事去而心随空。

【译文】　当风吹过稀疏的竹林时会发出沙沙声，当风过之后，竹林不会将声响留下；当大雁飞过寒冷的潭水时，潭面映出大雁的身影，可是雁儿飞过之后，潭面不会留下大雁的身影。所以有才德的人临事之时才显出本来的心性，事情处理完就恢复了平静。

八三、蜜饯不甜　海水不咸

【原文】　清能有容，仁能善断，明不伤察，直不过矫，是谓蜜饯不甜，海味不咸，才是懿德。

【译文】　清廉纯洁才能包容一切，仁义才能判断敏锐英明才能不伤害观察入微，正直才能准确纠正，这就是说如同蜜饯虽由蜜糖炮制却不太甜，海水虽然含盐但不太咸一样，才是一种高尚的美德。

八四、虽穷愁寥落　莫辄自废弛

【原文】　贫家净扫地，贫女净梳头，景色虽不艳丽，气度自是风雅。士君子一当穷愁寥落，奈何辄自废弛哉！

【译文】　贫穷的人家经常把地扫得干干净净，穷人的女儿总是把头梳得整整齐齐，虽然没有美丽的装饰，却自然朴实。有才德的人能一穷困忧愁或者际遇不佳受到冷落，就自暴自弃呢！

八五、未雨绸缪　有备无患

【原文】　闲中不放过，忙处有受用；静中不落空，动处有受用；暗中不欺隐，明处有受用。

【译文】　在闲暇时抓紧时间做些准备，到了忙时自然会用得着；在平静时不记心灵空虚，在遇到变化时自然能够应付自如；在无人知道时不做邪恶阴暗的事，在大庭广众之下自然会受到尊敬。

谢环《杏雅集图》（局部）

八六、念头一起　切莫放过

【原文】　念头起处，才觉向欲路上去，便挽从理路上来。一起便觉，一觉便转，此是转祸为福，起死回生的关头，切莫轻易放过。

【译文】　在念头刚刚产生时，一发觉此念头是个人私欲膨胀，便马上用理智将这种欲念拉到正路上来。私欲一产生就发觉它，一发觉就转变方向，这是将祸害转变为福分，将死亡转变为生机的重要关头，千万不能轻易放过。

八七、静闲淡泊　观心证道

【原文】　静中念虑澄澈，见心之真体；闲中气象从容，识心之真机；淡中意趣冲夷，得心之真味。观心证道，无如此三者。

【译文】　在平静中意念思虑清澈，可以看出心性的真正本源；在闲暇中气度悠闲，可以发觉心中真正的玄机；在淡泊中性情谦冲，可以体会心中真正的趣味。省察内心以觉悟天地间的至理，没有比这三种方法更好的了。

八八、动处静是真境　苦中乐是真机

【原文】　静中静非真静，动处静得来，才是性天之真境；乐处乐非真乐，苦中乐得来，才是心体之真机。

【译文】　悄然无声的宁静不能算是真正的宁静，只有从嘈杂喧闹中得来的宁静，才是人类本性中真正静的境界；在快乐的地方得到乐趣不能算是真快乐，只有在艰苦的环境中能保持乐观的心情，才是人类本性中真正快乐的境界。

八九、舍己毋处其疑　施恩勿责其报

【原文】　舍己毋处其疑，处其疑，即所舍之志多愧矣；施人毋责其报，责其报，并所施之心俱非矣。

【译文】　要作出牺牲就不要过多地计较得失，过多计较得失，这种自我牺牲的志节就会蒙上羞愧；要施恩与人就不要希望得到回报，希望得到回报，这种乐善好施的善良之心也会失去价值。

九〇、厚德积福　逸心补劳

天薄我以福，吾厚吾德以迓之；天劳我以形，吾逸吾心以补之；天厄我以遇，吾亨吾道以通之。天且奈我何哉！

【译文】　命运使我的福分浅薄，我便深修我的德行来面对它；命运使我的筋骨劳苦，我便轻松我的心来弥补它；命运使我的际遇困窘，我便加强我的道德使它通达。上天又能对我怎么样呢？

九一、天机最神　人智何益

【原文】　贞士无心徼福，天即就无心处牖其衷；憸人着意避祸，天即就着意中夺其魄。可见天之机权最神，人之智巧何益？

【译文】　坚守志节的人虽然并不用心去求取福分，上天却在他无意之间引导他完成自己的心愿；阴险的人虽然刻意去躲避灾祸的惩罚，上天却在他着意逃避之处夺走他的魂灵。由此可见上天运用魔力的手段非常神奇，凡人的智慧再高明又有什么用呢？

九二、晚景从良无碍　白头失守俱非

【原文】　声妓晚景从良，一世之烟花无碍；贞妇白头失守，半生之清苦俱非。语云：看人只看后半截。真名言也。

【译文】　从事声色之业的妓女在晚年的时候能够成为良家妇女，那么过去的风尘生活对她的生活不会有什么妨碍；坚守节操的妇女如果在晚年失却了贞操，那么她前半生的辛苦守节都白费了。所以俗语说：看一个人的节操只看他的后半生。这真是一句至理名言啊。

九三、种德施惠是公相　贪权市宠成乞人

【原文】　平民肯种德施惠，便是无位的公相；士夫徒贪权市宠，竟成有爵的乞人。

【译文】　平头百姓如果愿意广积恩德广施恩惠，他就是没有爵位的公卿相国；士大夫如果只是一味地争夺权势贪恋名声，就成了有爵位的乞丐。

九四、祖宗德泽积累难　儿孙福祉倾覆易

【原文】　问祖宗之德泽，吾身所享者是，当念其积累之难；问子孙之福祉，吾身所贻者是，要思其倾覆之易。

【译文】　如果问祖先给我们留下什么恩德，那么我们现在所享有的就是，因此应当想念祖先们创造积累的艰辛；如果问子孙后代会享受到什么福分，那么我们所留下的就是，所以要考虑到毁坏这些家业是很容易的。

九五、诈善无异肆恶　改节莫如自新

【原文】　君子而诈善，无异小人之肆恶；君子而改节，不及小人之自新。

【译文】　有才德的人如果以欺诈行为博取善名，那么他们的行为与邪恶的小人作恶多端没有什么两样；如果放弃志节，那还不如一个改过自新的小人。

九六、家人有过　春风解冻

【原文】　家人有过，不宜暴怒，不宜轻弃，此事难言，借他事隐讽之；今日不悟，俟来日再警之。如春风解冻，如和气消冰，才是家庭的型范。

【译文】　家里有人犯了过错，不应该大发脾气，也不应该轻易抛弃，如果这件事不好直接说，可以借其他的事来提醒；今天不能使他醒悟，可以过一些时候再耐心劝告。就像温暖的春风化解大地的冻土，暖和的气候使冰消融一样，才是处理家庭琐事的典范。

九七、看得圆满无缺陷　放得宽平无险侧

【原文】　此心常看得圆满，天下自无缺陷之世界；此心常放得宽平，天下自无险侧之人情。

【译文】　如果自己认为世界圆满，那么这个世界自然没有缺陷；如果自己认为世界宽大公正，那么这个世界自然没有阴险诡计。

九八、坚守操履　收敛锋芒

【原文】　澹泊之士，必为浓艳者所疑；检饰之人，多为放肆者所忌。君子处此，固不可少变其操履，亦不可太露其锋芒！

【译文】　志向淡泊的人，必定会受到热衷于名利的人怀疑；生活俭朴谨慎的人，大多被行为放荡的人所妒嫉。所以有才德的人固然不应该稍稍改变自己的节操，也不能够过于锋芒毕露。

钱选《山居图》（局部）

九九、逆境砥节砺行不觉　顺境销膏靡骨不知

【原文】　居逆境中，周身皆针砭药石，砥节砺行而不觉；处顺境内，眼前尽兵刃戈矛，销膏靡骨而不知。

【译文】　人处在逆境中，身边是治病用的针灸药石，时时纠正自己的过失、陶冶自己的性情而自己不觉得；在顺境中，眼前布满了刀枪戈矛，意志逐渐磨蚀而自己却不知道。

一○○、嗜欲如猛火 富贵必自烁

【原文】 生长富贵丛中的，嗜欲如猛火，权势似烈焰。若不带些清冷气味，其火焰不至焚人，必将自烁矣。

【译文】 生长在富豪权贵之家的人，欲望像猛火一样强烈，权势像烈焰一样灼人。如果不时常给他们一些清醒的观念加以调和的话，即使这种火焰不会焚烧他人，也会将他们自己灼伤。

一○一、人心真金石可贯 伪妄人形骸徒具

【原文】 人心一真，便霜可飞，城可陨，金石可贯。若伪妄之人，形骸徒具，真宰已亡，对人则面目可憎，独居则形影自愧。

【译文】 人心只要一旦至诚，那么就可以感动上天在六月降下霜雪，使城墙可以哭倒，而坚固的金石也可以雕凿。如果是一个虚伪奸邪的人，就只是一付躯壳，真正的灵魂早已消亡，让人觉得面目可恶，独自一个人时也会为自己的形体和灵魂感到惭愧。

一○二、文章恰好 人品本然

【原文】 文章做到极处，无有他奇，只是恰好；人品做到极处，无有他异，只是本然。

【译文】 文章写到极至，没有什么特别奇异之处，只是写得恰到好处；品德修炼到最高尚的境界，没有什么特别的地方，只是表现出人的本性。

一〇三、看得破可任天下　认得真可脱世间

【原文】　以幻迹言，无论功名富贵，即肢体亦属委形；以真境言，无论父母兄弟，即万物皆吾一体。人能看得破，认得真，才可以任天下之负担，亦可脱世间之缰锁。

【译文】　从虚幻的现象来看，不只功名富贵，就连四肢五官都是上天给予的躯壳；从客观的眼光来看，不要说父母兄弟，就是万事万物也和我同为一体。所以，人要看得透彻，认得真切，才可以担负天下的重任，也才可以摆脱世间功名利禄的束缚。

一〇四、爽口之味五分便无殃　快心之事五分便无悔

【原文】　爽口之味，皆烂肠腐骨之药，五分便无殃；快心之事，悉败身丧德之媒，五分便无悔。

【译文】　可口的美味佳肴，都是容易伤害肠胃销蚀筋骨的毒药，如果只吃五分饱便不会受到伤害；令人赏心悦目的事情，都是导致身败名裂的媒介，只享受五分便不会事后悔恨。

一〇五、宽以待人　养德远害

【原文】　不责人小过，不发人阴私，不念人旧恶。三者可以养德，亦可以远害。

【译文】　不求全责备别人的小过失，不揭露别人的隐秘，不记恨别人过去的丑行。能够做到这三点就可以培养自己良好的品德，也可以避免祸害。

一〇六、持身不可轻　用意不可重

【原文】　士君子持身不可轻，轻则物能挠我，而无悠闲镇定之趣；用意不可重，重则我为物泥，而无潇洒活泼之机。

【译文】　一个有才德的人修养言行不可轻率躁进，轻率躁进就容易受到外物困扰，而失去了悠闲宁静的情趣；而用心不能够太执着，执着就会使自己受到外物约束，而失去了活泼洒脱的生机。

一〇七、知有生之乐　怀虚生之忧

【原文】　天地有万古，此身不再得；人生只百年，此日最易过。幸生其间者，不可不知有生之乐，亦不可不怀虚生之忧。

【译文】　天地能够万古长存，可是人的生命却不可再次获得；人的一生只有百年光景，是最容易度过的。有幸生活在世界上，不能不知道拥有生命的乐趣，也不能够不时常担忧是否会虚度一生。

一〇八、德怨两忘　恩仇俱泯

【原文】　怨因德彰，故使人德我，不若德怨之两忘；仇因恩立，故使人知恩，不若恩仇之俱泯。

【译文】　怨恨因为积德而更加明显，所以要使人感谢我的德行，不如让别人把赞扬和怨恨都忘掉；仇恨因为恩惠而产生的，所以要让人知道我的恩惠，不如让别人把恩惠和仇恨都忘掉。

一〇九、持盈履满　君子兢兢

【原文】 老来疾病，都是壮时招的；衰后罪孽，都是盛时造的。故持盈履满，君子尤兢兢焉。

【译文】 人年老时患的疾病，都是在年轻时候不注意所招致的；人失意以后的罪责，都是在得意的时候埋下的祸根。所以在拥有成功和圆满的生活，一个有才德的人不能不时时小心谨慎。

一一〇、扶公敦旧　种德谨行

【原文】 市私恩，不如扶公议；结新知，不如敦旧好；立荣名，不如种隐德；尚奇节，不如谨庸行。

【译文】 如果为了满足自己的私心而施予恩惠，还不如去帮助大众获得利益；结交很多新朋友，还不如保持与老朋友之间的关系；建立荣誉争取名声，还不如在暗中积累德行；一个人与其追求异想天开的功绩，还不如平时注意自己的一言一行，默默地做点好事。

一一一、公正不犯　权私不着

【原文】 公平正论，不可犯于，犯，则贻羞万世；权门私窦，不可着脚，一着则玷污终身。

【译文】 公平正直的行为准则，千万不能去触犯，一旦触犯了，就会留下永世的耻辱；权门是弄权的地方，千万不能涉足，一旦涉足上了，就会玷污一世的清名。

一一二、曲意不若直躬　无善不若无恶

【原文】　曲意而使人喜，不若直躬而使人忌；无善而致人誉，不若无恶而致人毁。

【译文】　曲意迎合使人欢心，不如刚直不阿让那些小人去忌恨；没有什么善行却受到别人的赞美，不如没有恶行而受到小人的诋毁。

一一三、处变从容　遇失剀切

【原文】　处父兄骨肉之变，宜从容，不宜激烈；遇朋友交游之失，宜剀切，不宜优游。

【译文】　面对父史或骨肉至亲之间发生的变故，应该沉着处理，不宜采取激烈的态度；发现朋友有什么过失，应该态度诚恳地规劝，不宜置之不管。

王蒙《秋山草堂图》

一一四、防微杜渐英雄乃大

【原文】　小处不渗漏，暗处不欺隐，末路不怠荒，才是个真正英雄。

【译文】　对细微末节一丝不苟，不隐瞒漏洞，窘迫时不放弃追求，这样才是个真正的英雄好汉。

一一五、爱重反为仇　薄极翻成喜

【原文】　千金难结一时之欢，一饭竟致终身之感，盖爱重反为仇，薄极翻成喜也。

【译文】　有时候千金难以换得一时的欢喜，有时候只一顿饭却能使人终身感激，这是因为有时爱到极点反而反目为仇，而小恩惠反而容易使人喜欢。

一一六、涉世之一壶　藏身之三窟

【原文】　藏巧于拙，用晦而明，寓清于浊，以屈为伸，真涉世之一壶，藏身之三窟也。

【译文】　一个人再聪明也不妨装得笨拙一点；即使非常清楚明白也不如谦虚一点；志节很高也不要孤芳自赏，宁可随和一点；在有能力时也不宜过于激进，宁可以退为进，这才是安身立命、处世为人的法宝。

一一七、居安操心虑患　处变坚忍图成

【原文】　衰飒的景象，就在盛满中，发生的机缄，即在零落内；故君子居安宜操一心以虑患，处变当坚百忍以图成。

【译文】　凡是衰败的结局往往很早就在一片繁华中隐藏着；凡是草木的蓬勃生机也早就蕴育在换季的凋零时刻。所以一个有才德的人，当自己平安无事时，要有防患于未然的思想准备，而当自己处在动乱和灾祸中时，应用坚韧不拔的意志来争取最后的成功。

一一八、喜异无远大识　独行非恒久操

【原文】　惊奇喜异者，无远在之识；苦节独行者，非恒久之操。

【译文】　一个人如果喜好标新立异，必然不会有卓越的见识；一个人如果只知道苦苦潜修、特立独行，也必然没有长久不变的操守。

一一九、欲火腾沸猛转念　邪魔犹然为真君

【原文】　当怒火欲水正腾沸处，明明知得，又明明犯着。知的是谁?犯的又是谁? 此处能猛然转念，邪魔便为真君矣。

【译文】　当一个人的愤怒或欲念，仿佛沸水翻腾时，虽然他自己知道纵欲不妥当的，但又偏偏去违犯。知道这个道理的是谁，明知故犯的又是谁? 如果这时能够冷静思考，突然觉悟改变念头，那么再邪恶的魔鬼也会变成慈祥的真主了。

一二〇、毋偏信自任　毋以己因己

【原文】　毋偏信而为奸所欺，毋自任而为气所使；毋以己之长而形人之短，毋因己之拙而忌人之能。

【译文】　不要盲目相信而被那些奸邪的小人所欺骗，也不要自以为是而被一时的意气所驱使；不要用自己的长处来比较人家的短处，不要因自己的的笨拙而嫉妒人家的才能。

一二一、以短攻短非可取　以顽济顽犹愚昧

【原文】　人之短处，要曲为弥缝，如暴而扬之，是以短攻短；人有顽固，要善为化诲，

如忿而疾之，是以顽济顽。

【译文】　对于他人的不足之处，要想办法为人家掩饰弥补，如果故意暴露宣扬，那就是用自己的毛病去攻击人家的毛病；对于别人的执拗，要善于诱导教诲，如果因愤怒而讨厌他，就等于用自己的固执来强化别人的固执。

一二二、沉沉不语莫输心　悻悻自行须防口

【原文】　遇沉沉不语之士，且莫输心；见悻悻自好之人，应须防口。

【译文】　遇到表情阴沉不说话的人，暂时不要急着和他交心；遇到高傲自大愤愤不平的人，要谨慎自己的言谈。

一二三、昏昏之病犹可去　憧憧之扰莫自来

【原文】　念头昏散处，要知提醒，念头吃紧时，要知放下；不然恐去昏昏之病，又来憧憧之扰矣。

【译文】　当感到头脑昏沉精神纷乱时，要注意使自己平静下来，当紧张时，可以轻松一下；如果不注意调节情绪，就容易头昏脑胀刚好，神思恍惚又生。

一二四、人心之体　变幻莫测

【原文】　霁日青天，倏变为迅雷震电；疾风怒雨，倏转为朗月晴空。气机何当一毫凝滞？太虚何当一毫障塞？人心之体，亦当如是。

【译文】　一会儿是晴空万里，转瞬之间却乌云密布雷电交加；一会儿是暴风骤雨，转瞬之间又天气晴朗。大自然的运行为什么一忽儿停止？宇宙间的运动为什么一忽儿阻塞？人的心性也是这样的。

一二五、识是明珠　力是慧剑

【原文】　胜私制欲之功，有曰：识不早，力不易者；有曰：识得破，忍不过者。盖识是一颗照魔的明珠，力是一把斩魔的慧剑，两不可少也。

【译文】　对于战胜自己的私心和克制自己欲念的功夫，有的人说是因为没有及早认识，所以意志力无法克服；有的人说是能够看破欲念的害处，却又拒绝不了它的诱惑。而智慧则是一颗可以照出邪魔的明珠，坚强的意志力是一把能斩除邪魔的利剑，要想克制自己的欲念，智慧和意志力两者缺一不可。

一二六、宽而容人　不动声色

【原文】　觉人之诈，不形于言；受人之侮，不动于色。此中有无穷意

髡残《报恩寺图》

味，亦有无穷受用。

【译文】　发觉别人的欺诈行为时，并不以言语表现自己的不满；受到别人的欺侮，并不表现出愤怒的情绪，这种处事方法有无穷的意蕴，也是一生受用不尽的奥妙。

一二七、横逆困穷　锻炼豪杰

【原文】　横逆困穷，是锻炼豪杰的一副炉锤。能受其锻炼；则身心交益，不受其锻炼，则身心交损。

【译文】　突然遭遇到的灾难和穷困窘迫的境遇是锻炼英雄豪杰的熔炉。能够经受这种锻炼，那么身体和头脑都会得到好处，承受不了这种锻炼，那么对身体和头脑来说都是一种损害。

一二八、好恶有则便是燮理　物无氛疹亦是敦睦

【原文】　吾身一小天地也，使喜怒不愆，好恶有则，便是燮理的功夫；天地一大父母也，使民无怨咨，物无氛疹，亦是敦睦的气象。

【译文】　我们的身体就是一个小世界，如果能做到使高兴和快乐都不逾越规矩，使自己的好恶遵守一定的准则，这就是做人的一种调理谐和的功夫；大自然就像是人类的父母，如果能让百姓没有怨恨和叹息，万事万物没有灾害，便能够呈现一片祥和太平的景象。

一二九、戒疏于虑　警惕于察

【原文】　害人之心不可有，防人之心不可无，此戒疏于虑也。宁受人之欺，勿逆人之诈，此警惕于察也。二语并存，精明而浑厚矣。

【译文】　不可存有害人的念头，也不可没有防人的心思，以此告诫那

些思虑不周的人；宁可受到别人的欺负，也不预料别人的机诈之心，以此警惕那些过分小心提防的人。能够做到这两点，便能够思虑精明且心地浑厚了。

一三〇、莫以己意废人言　勿以公论快私情

【原文】　毋因群疑而阻独见，毋任己意而废人言，毋私小惠而伤大体，毋借公论以快私情。

【译文】　不能因为大家都持怀疑的态度而影响自己独到的见解，不要固执己见而不重视别人的意见，不要因为贪恋小的私欲而影响了大家的利益，不要借公众的意见来满足自己个人的私欲。

一三一、善人未亲恐来谗　恶人未去恐遭孽

【原文】　善人未能急亲，不宜预扬，恐来谗谮之奸；恶人未能轻去，不宜先发，恐遭媒孽之祸。

【译文】　好人不能急着和他亲近，也不应当事先就去赞扬他的美德，为的是防止遭受奸邪小人的诽谤；坏人不能随便摆脱，也不应当事先揭发他的罪行，为的是防止受到报复和陷害之灾祸。

一三二、暗室屋漏培节义　临深履薄操经纶

【原文】　青天白日的节义，自暗室屋漏中培来；旋乾转坤的经纶，自临深履薄处操出。

【原文】　像青天白日那样光明磊落的节操，是在艰苦和默默无闻的环境中培养出来的；可以扭转乾坤担当重任的本领，是从谨慎严密的处事态度中磨炼出来的。

一三三、施者任德是路人　受者怀恩成市道

【原文】　父慈子孝，兄友弟恭，纵做到极处，俱是合当如此，着不得一丝感激的念头。如施者任德，受者怀恩，便是路人，便成市道矣。

【译文】　父母对子女们慈爱，子女们对父母孝顺，兄长对弟妹们友爱，弟妹们对兄长敬重，即使是用了全部爱心做到了最完美的境界，也都是理所当然，不能够存有一丝感激的念头。如果互相之间存在有一丝感激和报恩的想法，那么就是将至亲骨肉之间的关系当作了陌路人来看待，真诚的骨肉之情就会变成一种市井关系了。

一三四、有妍必有丑为　有洁必有污为

【原文】　有研必有丑为之对，我不夸研，谁能丑我？有洁必有污为之仇，我不好洁，谁能污我？

【译文】　有美丽必然就有丑陋作为对比，我不自夸自大宣扬自己美丽，那谁又能指责我丑陋呢？有干净必然就有脏污作为对比，我不宣扬自己如何干净，那谁又能讥讽我脏污呢？

一三五、冷肠平气　避烦恼障

【原文】　炎凉之态，富贵更甚于贫贱；妒忌之心，骨肉尤狠于外人。此处若不当以冷肠，御以平气，鲜不日坐烦恼障中矣。

【译文】　人情冷暖之变化，富贵之家比贫苦人家更显得明显；嫉妒的心理，在至亲骨肉之间比外人表现得更为严重。面对这种情况如果不能用冷静的态度予以处理，以平和的心态控制自己，那就很少有人不是天天处在烦恼的困境中了。

一三六、混功过怀隳心　明恩仇起贰志

【原文】　功过不容少混，混则人怀惰隳之心；恩仇不可太明，明则人起携贰之志。

【译文】　功绩和过失一点都不容混淆，混淆了人们就会变得懒怠而没有上进之心；恩惠和仇恨却不能表现得太明显，太明显了人们就容易产生怀疑背叛之心。

一三七、位盛危至　谊高毁来

【原文】　爵位不宜太盛，太盛则危；能事不宜尽毕，尽毕则衰；行谊不宜过高，过高则谤兴而毁来。

【译文】　爵禄官位不能够太高，太高就很危险了；才能和本事不能全部用尽，用尽之后就会走向衰落；言行论调不可太高，太高就容易遭来流言蜚语的毁谤。

一三八、恶隐祸深　善隐功大

【原文】　恶忌阴，善忌阳。故恶之显者祸浅，而隐者祸深；善之显者功小，而隐者功大。

【译文】　做了坏事最忌讳认识不到自己的过错反而拼命遮掩，做好事忌讳为了显示自己的功劳而到处宣扬。所以显而易见的坏事所造成的灾祸较小，不为人知的坏事所造成的灾祸较大；显而易见的善事所积的功德较小，不为人知的善事所积的功德较大。

一三九、无德家无主　有才奴用事

【原文】　德者才为主，才者德之奴。有才无德，如家无主奴用事矣，几何无魍魉猖狂。

【译文】　品德是一个人才能的主人，而才能是品德的奴婢。如果一个人只有才能而缺乏品德，就好像一个家庭没有主人而由奴婢当家，这样哪有不胡作非为、放纵嚣张的呢？

一四○、锄奸放去路　杜倖有所容

【原文】　锄奸杜倖，要放他一条去路。若使之一无所容，譬如塞鼠穴者，一切去路都塞尽，则一切好物俱咬破矣。

【译文】　要想铲除杜绝那些邪恶奸诈之人，就要给他们一条改过自新、重新做人的路径；如果使他们走投无路、无立锥之地的话，就好像堵塞老鼠洞一样，一切进出的道路都堵死了，一切好的东西也都被咬坏了。

一四一、同功相忌　安乐相仇

【原文】　当与人同过，不当与人同功，同功则相忌；可与人共患难，不可与人共安乐，安乐则相仇。

【译文】　应该有和别人共同承担过失的雅量，不可有和别人共同享受功劳的念头，共享功劳就会引起彼此的猜疑；应该有和别人共同度过难关的胸怀，不可有和别人共同享受安乐的心思，共享安乐就会造成互相仇恨。

一四二、提醒解救　功德无量

【原文】　士君子，贫不能济物者，遇人痴迷处，出一言提醒之，遇人急难处，出一言解救之，亦是无量功德。

【译文】　一个有学问有节操的人，虽然贫穷无法用物质去接济他人，但当碰到别人为某件事执迷不悟时，能去指点他提醒他使他领悟，在别人危急困难时，能为他说几句公道的话，说几句安慰的话，使他摆脱困境，这也算是无限的大功德。

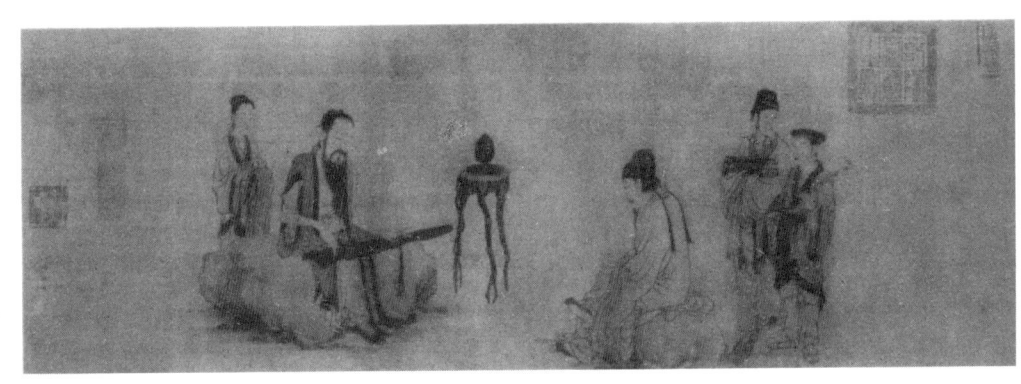

王振鹏《伯牙鼓琴图》

一四三、饥附燠趋　人情通患

【原文】　饥则附，饱则扬，燠则趋，寒则弃，人情通患也。

【译文】　饥饿潦倒时就去投靠人家，富裕饱足时就远走高飞，看到富贵人家就去巴结，当人家衰败贫穷时就掉头而去，这是一般人都会有的通病。

一四四、宜净拭冷眼　勿轻动刚肠

【原文】　君子宜净拭冷眼，慎勿轻动刚肠。

【译文】　一个有才学品德的君子，要以冷静的态度来面对事物，要小心从事不要轻易地表露自己刚直的心肠。

一四五、厚德弘其量　弘量大其识

【原文】　德随量进，量由识长。故欲厚其德，不可不弘其量；欲弘其量，不可不大其识。

【译文】　人的道德随着气量的增长而提高，人的气量也是由于见识的增加而更宽宏。所以想使自己的道德更加完美，不能够不使自己的气量更宽宏；要使自己的气量更宽宏，不能不增加自己的见识。

一四六、耳目口鼻皆桎梏　情欲嗜好悉机械

【原文】　一灯萤然，万籁无声，此吾人初入宴寂时也；晓梦初醒，群动未起，此吾人初出混沌处也。乘此而一念回光，炯然返照，始知耳目口鼻皆桎梏，而情欲嗜好悉机械矣。

【译文】　当夜晚时分，清灯枯照，万籁俱寂，这正是人们正要开始入睡的时候；而当清晨人们从睡梦中醒来，万物还未复苏，这正是我们刚刚从朦朦胧胧的睡意中清醒的时刻。如果能利用这一刻来澄清自己的内心，来反省自身的一切，便会明白耳目口鼻是束缚我们心智的工具，而情欲爱好等都是使我们堕落的机器。

一四七、反己辟众善之路　尤人睿诸恶之源

【原文】　反己者，触事皆成药石；尤人者，动念即是戈予。一以辟众善之路，一以睿诸恶之源，相去霄壤矣。

【译文】　能够经常反省自己的人，遇到任何事情都可能成为使自己警醒的良药；而经常怨天尤人的人，心中的念头都会像伤害自己的戈矛。一个是通向各种善行的途径，一个是形成恶行的源头，两者有天壤之别。

一四八、精神万古如新　气节千载一日

【原文】　事业文章随身销毁，而精神万古如新；功名富贵逐世转移，而气节千载一日。君子信不当以彼易此也。

【译文】　所有的事业和文章都会随着人的死亡而消失，但是向上的精神却可以万古长存；功业和名声以及富贵都会随着时代的变迁而改变，只有高尚的气节却能千年不朽。一个道德学问都很高尚的君子是不会用一时的事业功名来换永恒的精神气节的。

一四九、机里藏机　智何足恃

【原文】　鱼网之设，鸿则罹其中；螳螂之贪，雀又乘其后。机里藏机，变外生变，智巧何足恃哉。

【译文】　人们制造鱼网是用来捕鱼的，可是鸿雁却落入网中；螳螂正想贪吃眼前的蝉，可是哪里知道黄雀在背后乘机偷袭。玄机里面暗藏玄机，变化之外还会再生变化，人的智慧和计谋怎么能够凭恃呢？

一五〇、诚恳为人　灵活处世

【原文】　作人无点真恳念头，便成个花子，事事皆虚；涉世无段圆活机趣，便是个木人，处处有碍。

【译文】　做人如果没有一点真诚恳切的心意，那就成了一个华而不实的人，做什么事情都不实在；处世如果没有一些灵活的技巧，那么就成了一个木头人，时时处处都会受到阻碍。

一五一、去混清自现　去苦乐自存

【原文】　水不波则自定，鉴不翳则自明，故心无可清，去其混之者，而清自现；乐不必寻，去其苦之者，而乐处自存。

【译文】　水没有波浪就自然平静，镜子没有灰尘就自然明净，所以人的心地并不需要刻意去追求什么清静，只要去掉了私心杂念，就自然会明澈清静；快乐不必刻意去寻找，只要远离那些痛苦和烦恼，那么快乐就自然会呈现。

一五二、慎言谨行　万世光明

【原文】　有一念而犯鬼神之禁，一言而伤天地之和，一事而酿子孙之祸者，最宜切戒。

【译文】　一个念头容易触犯鬼神的禁忌，一句话会伤害人间的祥和之气，一件事会造成子孙后代的祸患，这都是我们要引以为戒的。

一五三、毋躁急以速忿　勿躁切以益顽

【原文】　事有急之不白者，宽之或自明，毋躁急以速其忿；人有操之不从者，纵之或自化，毋躁切以益其顽。

【译文】　有些事情在很短的时间内想弄明白很困难，可是宽限一些时间也许会自然明白，不要急躁以免增加紧张的气氛；有的人想指导他却不能让他听从，如果放松约束也许他会自然受到感化，不要急切地去约束他以免增加他的抵触情绪。

一五四、以德性陶镕　免血气之私

【原文】　节义傲青云，文章高白雪，若不以德性陶镕之，终为血气之私，技能之末。

【译文】　节操和义气足以胜过高官厚禄，生动感人的文章比名曲《白雪》更加美妙，如果不是用道德准则来贯穿其中，那么终究是血气冲动时的个人感情，是一种玩弄技艺的低级手段而已。

一五五、谢事谢于正盛　居身居于独后

【原文】　谢事当谢于正盛之时，居身宜居于独后之地。

【译文】　急流勇退应当在事情正处于巅峰的时候，这样才能使自己有一个完满的结局；而居家度日则应生活在清静不与人争先的地方，这样才可能真正地修身养性。

一五六、谨德于至微　施恩于不报

【原文】　谨德须谨于至微之事，施恩务施于不报之人。

【译文】　谨守品德应该注意到最细微的地方，施予别人恩惠应该施予那些根本无法回报你的人。

一五七、交人友山翁　谈德述古人

【原文】　交市人不如友山翁，谒朱门不如亲白屋；听街谈巷语，不如闻樵歌牧咏；谈今人失德过举，不如述古人嘉言懿行。

【译文】　与市井凡俗之人交朋友不如与深山中的老翁交朋友，去拜谒达官贵人还不如新近普通的平民百姓；听街头巷尾的是是非非，还不如去听樵夫和牧童歌唱；议论当今的人违背道德的行为和失当的举动，还不如讲述古代圣贤的美好言行。

陈洪绶《雅集图》（局部）

一五八、德基不固　栋宇难久

【原文】　德者事业之基，未有基不固而栋宇坚久者。

【译文】　美好的品德是一切事业的基础，正如盖房子一样，如果没有坚实的地基，就不可能修建坚固而耐用的房屋。

一五九、心根不植　枝叶难茂

【原文】　心者后裔之根，未有根不植而枝叶荣茂者。

【译文】　善良的心地是子孙后代的根本，就像栽花种树一样，如果没有牢固的根基，就不可能有繁花似锦、枝叶茂盛的景象。

一六〇、自昧自夸　学问切戒

【原文】　前人云："抛却自家无尽藏，治门持钵效贫儿。"又云："暴富贫儿休说梦，谁家灶里火无烟？"一箴自昧所有，一箴自夸所有，可为学问切戒。

【译文】　古人说过："有人把自家无尽的财富放在一边不用，却仿效一无所有的穷人拿着钵子沿门沿户去讨饭。"又说："突然暴富的穷人不要信口开河，哪家的炉灶烟囱不冒烟呢？"前一句话告诫人们不要妄自菲薄，后一句话是告诫人们不要自我夸耀，所说的这两种情况都应该作为做学问的鉴戒。

一六一、道当随人接引 学当随事警惕

【原文】 道是一重公众物事，当随人而接引；学是一个寻常家饭，当随事而警惕。

【译文】 真理是一件大家都可以去追求和探索的事情，应该随着个人的性情来加以引导；做学问就像平常所吃的家常便饭一样，应该随着事情的变化而有所戒慎和警惕。

一六二、信人独诚 疑人先诈

【原文】 信人者，人未必尽诚，己则独诚矣；疑人者，人未必皆诈，己则先诈矣。

【译文】 一个能信任别人的人，也许别人并不十分诚实，但他自己却是诚实的；一个怀疑别人的人，别人也许并不都狡诈，但他自己却已经是狡诈的了。

一六三、念头宽厚万物生 念头忌刻万物死

【原文】 念头宽厚的，如春风照育，万物遭之而生；念头忌刻的，如朔雪阴凝，万物遭之而死。

【译文】 一个胸怀宽厚的人，应当像春风催生万物一样，万物感觉到他的温暖就会充满生机；而心胸狭窄刻薄的人，就像北风呼啸冰雪带来寒冷使万物凝固一样，万物感觉到它的刻薄就会被摧残。

一六四、为善应暗长　为恶当潜消

【原文】　为善不见其益，如草里冬瓜，自应暗长；为恶不见其损，如庭前春雪，当必潜消。

【译文】　虽然做好事不一定能立即看到什么好处，但是好事的益处就像掩在草里面的冬瓜一样，于不知不觉中长大；做了坏事也许不会立即看出对自己的损害，但它就像春天庭院中的积雪一样，阳光一照就会融化。

一六五、遇故旧意气要新　待衰朽恩礼当隆

【原文】　遇故旧之交，意气要愈新；处隐微之事，心迹宜愈显；待衰朽之人，恩礼当愈隆。

【译文】　遇到过去的老朋友，情意要如同对待新知一样特别热烈真诚；处理某些隐秘细微的事情，态度要更加光明磊落；对待年老体弱的人，礼节应当更加恭敬周到。

一六六、君子持身　小人营私

【原文】　勤者敏于德义，而世人借勤以济其贫；俭者淡于货利，而世人假俭以饰其吝。君子持身之符，反为小人营私之具矣，惜哉！

【译文】　勤奋的人会十分注意加强道义和品德的修养，而世人却用勤奋作为解决贫困的办法；俭朴的人对财物和金钱都很淡泊，但是世人却以俭朴作为掩饰吝啬的借口。君子修身立德的标准却成了小人营私谋利的工具，可惜啊！

一六七、凭意兴作为岂是不退轮　从情识解悟终非常明灯

【原文】　凭意兴作为者，随作则随止，岂是不退之轮；从情识解悟者，有悟则有迷，终非常明之灯。

【译文】　凭着自己一时的意气办事，情绪高的时候就去行动，冲动一过马上就停止，这样怎能成为不断前进永不倒退的车轮呢！从情感出发去领悟事理的人，有所领悟，也会有所迷惑，这样终究不是永保光亮的智慧明灯。

一六八、人在己不可恕　己在人不可忍

【原文】　人之过误宜恕，而在己则不可恕；己之困辱宜忍，而在人则不可忍。

【译文】　对于别人的过失应该采取宽恕的态度，而如果错误在自己那么就不能宽恕；自己遇到困境和屈辱应当尽量忍受，如果困境和屈辱在别人身上就不能置之不问。

一六九、作意尚奇而为异　绝欲求清而为激

【原文】　能脱俗便是奇，作意尚奇者，不为奇而为异；不合污便是清，绝俗求清者，不为清而为激。

【译文】　能够超凡脱俗的人是奇人，如果刻意去标新立异，就不是奇人而是怪人了；不同流合污就是高洁的人，如果以与世人断绝往来去标榜自己的高洁，那就不是高洁而是偏激。

一七〇、先浓后淡人忘惠　先宽后严人怨酷

【原文】　恩宜自淡而浓，先浓后淡者，人忘其惠；威宜自严而宽，先宽后严者，人怨其酷。

【译文】　对人施予恩惠应该从淡到浓，如果开始浓厚而逐渐淡薄，那么人们就容易忘掉你的恩惠；树立威信要先严格而后宽容，如果先宽容而后严格，人们就会怨恨你的冷酷。

一七一、求见性如拨波觅月　求明心如索镜增尘

【原文】　心虚则性现，不息心而求见性，如拨波觅月；意净则心清，不了意而求明心，如索镜增尘。

【译文】　内心却除杂念平静如镜时那么人的本性就会流露出来，不使心灵平静却去寻找人的自然本性，就像拨开水中的波浪去捞月亮一样只是一场空；意念保持纯洁澄净，心灵就会清明，如果不能洞察存在的意念而要求内心清明，就像是为落满灰尘的镜子又增加了灰尘一样。

一七二、人奉胡喜　人侮胡怒

【原文】　我贵而人奉之，奉此峨冠大带也；我贱而人侮之，侮此布衣草履也。然则原非奉我，我胡为喜？原非侮我，我胡为怒？

【译文】　我富贵了人们就敬重我，敬重的是我穿着的华丽威严的官服；我贫穷了人们就轻视我，轻视我穿着布衣和草鞋。人们原本敬重的是官服不是我本人，我有什么可高兴的呢？人们原本轻视的是布衣草鞋不是轻视我，我有什么可恼怒的呢？

一七三、为鼠常留饭　怜蛾不点灯

【原文】　为鼠常留饭，怜蛾不点灯，古人此等念头，是吾人一点生生之机。无此，便所为土木形骸而已。

【译文】　担心老鼠挨饿常常留下一些饭粒，怕飞蛾扑火而亡因此不点亮油灯，古代的人常有这些仁慈的心肠，这些慈悲之心正是我们人类繁衍不息的生机。没有这些，那么人类也就与那些树木泥土没有什么区别了。

一七四、心体是天体　随起同太虚

【原文】　心体便是天体：一念之喜，景星庆云；一念之怒，震雷暴雨；一念之慈，和风甘露；一念之严，烈日秋霜；何者少得，只要随起随灭，廓然无碍，便与太虚同体。

【译文】　人心的本性与大自然宇宙的本体是一致的，当人心中有了喜悦的念头时，就像大自然的天空出现瑞星祥云；当人的心中有了愤怒的念头时，就像是大自然中雷雨交加的天气；当心中有慈悲的念头时，就像是春风雨露滋润天下万物；当心中有严厉的念头时，就像寒霜烈日冷热逼人；有哪些又能少得了呢？只要人类的喜怒哀乐可以在兴起之后立即消失，心体如同天体广袤无边毫无阻碍，便可以和天地同为一体了。

钱选《浮玉山居图》

一七五、无事宜寂寂　有事宜惺惺

【原文】　无事时，心易昏冥，宜寂寂而照以惺惺；有事时，心易奔逸，宜惺惺而主以寂寂。

【译文】　人在闲居无事时，心中最容易陷入昏沉迷乱，这时应该在沉静中保持自己的机警；人在有事忙碌时，心情最容易急躁不安，这时应该在机警中保持冷静。

一七六、身在事外恶利害　身在事中忘利害

【原文】　议事者，身在事外，宜悉利害之情；任事者，身居事中，当忘利害之虑。

【译文】　议论事情的人，自己置于事情之外，应该尽量了解事情的全部是非曲直；做事的人，自己处于事情之中，应当完全抛弃个人的利害得失。

一七七、毋近腥膻之党　毋犯蜂虿之毒

【原文】　士君子处权门要路，操履要严明，心气要和易，毋少随而近腥膻之党，亦毋过激而犯蜂虿之毒。

【译文】　有才德的人处于有权势的重要地位时，节操品德要刚正清明，心地气度要平易随和，不要放松自己的原则与结党营私的奸邪之人接近，也不要过于激烈触犯那些阴险之人而遭其谋害。

一七八、浑然和气　居家之珍

【原文】　标节义者，必以节义受谤；榜道学者，常因道学招尤。故君子不近恶事，亦不立善名，只浑然和气，才是居身之珍。

【译文】　标榜节义的人，必然会因为节义受到人家的毁谤；标榜道德学问的人，常会因为道德学问遭到人家的指责。所以一个有德行的君子，既不做坏事，也不去争得美名，只要做到纯朴敦厚保持和气，这才是立身处世中最珍贵的东西。

一七九、因人而异　尽入陶冶

【原文】　遇欺诈之人，以诚心感动之；遇暴戾之人，以和气薰蒸之；遇倾邪私曲之人，以名义气节激励之，天下无不入我陶冶中矣。

【译文】　遇到狡诈不诚实的人，用真诚的态度去感动他；遇到粗暴乖戾的人，用平和的态度去感染他；遇到行为不正自私自利的人，用道义名节去激励他，那么天下就没有人不受我的感化了。

一八〇、慈祥酿和气　洁白昭清芬

【原文】　一念慈祥，叩以酝酿两间和气；寸心洁白，可以昭垂百代清芬。

【译文】　心中存有慈祥的念头，可以形成天地间温暖平和的气息；心地保持纯洁清白，可以留给后世百代美好的名声。

一八一、庸德完混沌　庸行招和平

【原文】　阴谋怪习，异行奇能，俱是涉世的祸胎。只一个庸德庸行，便可以完混沌而招和平。

【译文】　阴险的诡计，古怪的陋习，奇异的行为和能力，都是涉身处世时招致祸害的根源。只要谨守平凡的品德和言行，就可以合乎自然的本性而带来和平。

一八二、撑得耐字　免堕榛莽

【原文】　语云："登山耐侧路，踏雪耐危桥。"一耐字极有意味，如倾险之人情，坎坷之世道，若不得一耐字撑持过去，几何不堕入榛莽坑堑哉？

【译文】　俗话说："爬山要能耐得住险峻难行的路，踏雪要耐得住危险的桥梁。"这一个"耐"字意味深长。就像阴邪险恶的人情，坎坷难行的世道，如果不能用一个"耐"字撑过去，几乎没有不掉入荆棘遍布的深涧中的。

一八三、无寸功只字　亦堂正做人

【原文】　夸逞功业，炫耀文章，皆是靠外物做人。不知心体莹然，本来不失，即无寸功只字，亦自有堂堂正正做人处。

【译文】　夸耀自己的功业，炫耀所写的文章，这些都是依靠外在之物来做人。殊不知只要保持心地的洁白纯净，不失自然的本性，即使没有半点功业，没有片纸文章，也自然可以堂堂正正地做人。

一八四、忙里偷闲讨把柄　闹中取静立主宰

【原文】　忙里要偷闲，须先向闲时讨个把柄；闲中要取静，须先从静处立个主宰。不然，未有不因境而迁，随时而靡者。

【译文】　要在十分忙碌的时候抽出一点空闲松弛一下身心，必须先在空闲的时候有一个合理的安排和考虑；要在喧闹中保持头脑的冷静，必须先在平静时有个主张。如果不这样，一旦遇到繁忙或者喧闹的情形就会手忙脚乱。

一八五、昧心难立天地心　尽情难立生民命

【原文】　不昧己心，不尽人情，不竭物力；三者可以为天地立心，为生民立命，为子孙造福。

【译文】　不违背自己的良心，不违背人之常情，不浪费物资财力；做到这三点就可以在天地之间树立善良的心性，为生生不息的民众创造命脉，为子子孙孙造福。

一八六、居官唯公廉　居家唯恕俭

【原义】　居官有二语，曰：唯公则生明，唯廉则生威；居家有二语，曰：唯恕则情平，唯俭则用足。

【译文】　作官有两句格言，即：只有公正无私才能明断是非，只有廉洁才能树立威信；治家也有两句格言：只有宽容才能心情平和，只有节俭家用才能充足。

一八七、富贵知贫贱　少壮念衰老

【原文】　处富贵之地，要知贫贱的痛痒；当少壮之时，须念衰老的辛酸。

【译文】　生活在富贵的环境中时要知道贫穷困苦人家的艰难；年轻力壮时，要顾及年老力衰后的悲哀。

一八八、持身要茹纳得　与人要包容得

【原文】　持身不可太皎洁，一切污辱垢秽，要茹纳得；与人不可太分明，一切善恶贤愚，要包容得。

【译文】　立身处世不能太过清高，对于污浊、屈辱、丑恶的东西要能够容易接受；与人相处不能太过计较，对于善良的、邪恶的、智慧的、愚蠢的人都要能够理解包容。

一八九、休与小人仇雠　休向君子谄媚

【原文】　休与小人仇雠，小人自有对头；休向君子谄媚，君子原无私惠。

【译文】　不要与那些行为不正的小人结下仇怨，小人自然有他的冤家对头；不要向君子去讨好献媚，君子本来就不会因为私情而给予恩惠。

一九〇、势理之病难医　义理之障难除

【原文】　纵欲之病可医，而势理之病难医；事物之障可除，而义理之

荆轲刺秦王画像石　　　　　　　　　四川乐山麻浩 1 号崖墓

障难除。

【译文】　放纵欲念的毛病还可以医治，而事理上顽固不化却难以纠正；一般事物的障碍还能够排除，但是义理方面的障碍却难以化解。

一九一、磨砺勿急就　施为莫轻发

【原文】　磨砺当如百炼之金，急就者，非邃养；施为宜似千钧之弩，轻发者，无宏功。

【译文】　磨砺自己的意志应当像炼金一样，反复锻炼才能成功，急于功成的人，没有高深的修养；做事就像使用千钧之力的弓弩一样，经过努力才能拉动，如果轻松地做事，不会建立宏大的功业。

一九二、勿为小人媚悦　毋为君子包容

【原文】　宁为小人所忌毁，毋为小人所媚悦；宁为君子所责备，毋为君子所包容。

【译文】　宁可被小人所忌恨诽谤，也不愿意被小人之取宠献媚所迷惑；宁可被君子责备，也不要被君子原谅和宽容。

一九三、好利害显浅　好名害隐深

【原文】　好利者，逸出于道义之外，其害显而浅；好名者，窜入于道义之中，其害隐而深。

【译文】　贪求利益的人，所作所为逾越道义之外，所造成的伤害虽然明显但不深远；而贪图名誉的人，所作所为隐藏在道义之中，所造成的伤害虽然不明显却都很深远。

一九四、受恩报莫极　闻恶疑勿忧

【原文】　受人之恩，虽深不报，怨则浅亦报之；闻人之恶，虽隐不疑，善则显亦疑之。此刻之极，薄之尤也，宜切戒之。

【译文】　受到了别人很大的恩德不知道报答，而对人有一点怨恨就进行报复；听到他人的坏事虽不明显也坚信不疑，而明知他人做了好事却持怀疑的态度。这样的行为刻薄冷酷到了极点，一定要避免。

一九五、谗毁不久自明　媚阿不觉其损

【原文】　谗夫毁士，如寸云蔽日，不久自明；媚子阿人，似隙风侵肌，不觉其损。

【译文】　那些喜爱搬弄是非的人对有德行君子的污蔑诽谤，只不过像有一片薄云遮蔽太阳一样，不久就会风吹云散重见光明；而那些喜欢阿谀奉承去巴结别人的人，却像从门缝中吹进的风侵袭肌肤，人们感觉不到受到损害（却已受损）。

一九六、高绝宜戒　偏急应除

【原文】　山之高峻处无木，而溪谷回环则草木丛生；水之湍急处无鱼，而渊潭停蓄则鱼鳖聚集。此高绝之行，偏急之衷，君子重有戒焉。

【译文】　山高险峻的地方没有树木生长，而在溪谷蜿蜒曲折的地方却草木丛生；在水流湍急的地方没有鱼儿停留，而平静的深水潭下则生活着大量鱼鳖。所以过于清高的行为，过于偏激的心理，对一个有德行的君子来说，是应当努力戒除的。

一九七、建功多虚圆　偾事必执拗

【原文】　建功立业者，多虚圆之士；偾事失机者，必执拗之人。

【译文】　能够建立宏大功业的人，大多是处世廉虚圆融的人；容易失败抓不住机会的人，一定是性情刚愎固执的人。

一九八、处世勿异同　作事莫喜厌

【原文】　处世不宜与俗同，亦不宜与俗异；作事不宜令人厌，亦不宜令人喜。

【译文】　为人处事既不要同流合污陷于庸俗，也不故作清高标新立异；作事情不应该使人产生厌恶，也不应该故意迎合讨人欢心。

一九九、虽末路晚年　犹精神百倍

【原文】　日既莫而犹烟霞绚烂，岁将晚而更橙桔芳馨。故末路晚年，君子更宜精神百倍。

【译文】 在夕阳西下时，天空出现的晚霞放射出灿烂的光彩绚丽夺目，在晚秋季节时，橙桔正在结出芬芳金黄的果实，所以到了晚年的时候，一个有德行的君子更应该精神百倍地充满生活的信心。

二○○、肩鸿莫露聪明　任钜莫逞才华

【原文】 鹰立如睡，虎行似病，正是它取人噬人手段处。故君子要聪明不露，才华不逞，才有肩鸿任钜的力量。

【译文】 老鹰站立时双目半睁半闭仿佛处于睡态，老虎行走时慵懒无力仿佛处于病态，实际这些正是它们准备取食的高明手段。所以有德行的君子做人时要做到不炫耀自己的聪明，不显示自己的才华，这样才能够有力量担任艰巨的任务。

二○一、俭过伤雅道　让过出机心

【原文】 俭，美德也，过则为悭吝，为鄙啬，反伤雅道；让，懿行也，过则为足恭，为曲谨，多出机心。

【译文】 生活俭朴是一种美德，可是如果俭朴过分就是吝啬小器，斤斤计较，反而伤害了与人交往的雅趣；处事廉让是一种高尚的行为，可是如果廉让过分就显卑躬屈膝谨小慎微，反而让人觉得心计过多。

二○二、毋喜快心　毋惮初难

【原文】 毋忧拂意，毋喜快心，毋恃久安，毋惮初难。

【译文】 对于不合意的事不要感到忧心忡忡，对于让人高兴的人不要欣喜若狂，对长久的安定不要过于依赖，对初始时遇到的困难不要畏惧害怕。

二〇三、声华之习莫胜　名位之念勿重

【原文】　饮宴之乐多，不是个好人家；声华之习胜，不是个好士子；名位之念重，不是个好臣士。

【译文】　经常举行宴会饮酒作乐的，不会是个正派的人家；喜欢声色奢华的人，不是个正人君子；对于名声地位非常看重的，不是个好臣子。

二〇四、世人以肯为乐乐亦苦　达士以拂为乐苦作乐

【原文】　世人以心肯处为乐，欲被乐心引在苦处；达士以心拂处为乐，终为苦心换得乐来。

【译文】　世人都把自己心中的欲望得到满足当作快乐，然而却被快乐引诱到痛苦中；通达的人却以能够经受不如意的事为快乐，最后用自己的一片苦心换得了真正的快乐。

二〇五、居盈满勿加一滴　处危急莫加一搦

【原文】　居盈满者，如水之将溢未溢，切忌再加一滴；处危急者，如木之将折未折，切忌再加一搦。

【译文】　当一个人的权力达到鼎盛的时候，就像水缸中的水已经装满将要溢出时的情形，这时切忌再加入一滴；处在危急状况时，就像树木将要折断却还未折断的时候，这时切忌再施加一点力量。

二〇六、冷耳听语　冷心思理

【原文】　冷眼观人，冷耳听语，冷情当感，冷心思理。

【译文】　冷静地观察他人，冷静地听他人说话，冷静地感受事物，冷静地进行思考。

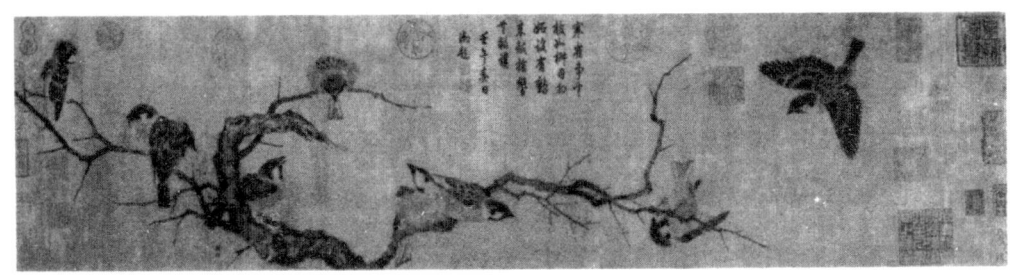

崔白《寒雀图》

二〇七、仁人气象宽舒　鄙夫规模迫促

【原文】　仁人心地宽舒，便福厚而庆长，事事成个宽舒气象；鄙夫念头迫促，便禄薄而泽短，事事得个迫促规模。

【译文】　仁慈博爱的人心胸宽阔舒畅，所以能够福禄丰厚而长久，事事都能表现出宽宏大度的气概；浅薄无知的人心胸狭窄，所以福禄微薄而短暂，事事都表现出目光短小狭隘局促的格局。

二〇八、闻恶就恶谗夫泄怒　闻善即亲奸人进身

【原文】　闻恶不可就恶，恐为谗夫泄怒；闻善不可即亲，恐引奸人进身。

【译文】　听到人家有恶行，不能马上就起厌恶之心，要仔细判断，看是否有人故意诬陷泄愤；听说别人的善行不要立刻相信并去亲近他，以防有

奸邪的人作为谋求升官的手段。

二〇九、性躁事无成　心和福自集

【原文】　性躁心粗者，一事无成；心和气平者，百福自集。

【译文】　性情急躁粗暴的人，一件事情也做不成；心地平静温和的人，所有的幸福都会为他降临。

二一〇、用人不宜刻　交友不宜滥

【原文】　用人不宜刻，刻则思效者去；交友不宜滥，滥则贡谀者来。

【译文】　用人不应该苛刻，如果用人苛刻，那些想前来效力的人也会因此离去；交朋友不应该太滥，如果交朋友太滥，那么善于逢迎献媚的人都会设法来到身边。

二一一、立得脚跟　着得眼高

【原文】　风斜雨急处，要立得脚定；花浓柳艳处，要着得眼高；路危径险处，要回得头早。

【译文】　面临急风暴雨这样危险的处境时，要站稳自己的立场；在令人眼花缭乱的环境中，要眼界高远以免被冲昏了头脑；在山路狭窄危险处，要及早回头，以免深陷其中。

二一二、莫启忿争路　勿开嫉妒门

【原文】　节义之人济以和衷，才不启忿争之路；功名之士承以廉德，方不开嫉妒之门。

【译文】　崇尚节义的人要用谦和诚恳的态度适当来加以调和，才不致于留下引起激烈纷争的隐患；功成名就的人要保持谦恭和蔼的美德，这样才不会给人留下嫉妒的把柄。

二一三、居官杜幸端　居乡敦旧好

【原文】　士大夫居官，不可竿牍无节，要使人难见，以杜幸端；居乡，不可崖岸太高，要使人易见，以敦旧好。

【译文】　读书人做了官以后不能无节制地接受各种书信的推荐，要让那些求职的人难以见面，以防止那些投机取巧的人乘机钻营；退隐居住到家乡后，不能过于清高自傲，要态度平和使人容易接近，以保持亲族邻里之间的友好感情。

二一四、畏大人失放逸心　畏小民去豪横名

【原文】　大人不可不畏，畏大人则无放逸之心；小民亦不可不畏，畏小民则无豪横之名。

【译文】　对于德行高尚的大人不能没有敬畏之心，能敬畏德行高尚的大人就不会有放纵轻浮的想法；对于普通老百姓也不能没有敬畏之心，能敬畏普通老百姓就不会有蛮横的坏名声。

二一五、人不如我怨自消　人胜似我神自奋

【原文】　事稍拂逆，便思不如我的人，则怨尤自消；心稍怠荒，便思胜似我的人，则精神自奋。

【译文】　处理事情时遇到不顺心的时候，就想想那些境遇不如自己的

人，那么心中的怨恨之心会很快消失；心中一出现懒怠松懈的念头，就想想那些比自己强的人，那么马上会精神振作起来。

二一六、轻诺生嗔皆无益　多事鲜终害终身

【原文】　不可乘喜而轻诺，不可因醉而生嗔；不可乘快而多事，不可因倦而鲜终。

【译文】　不能因为自己心情高兴就轻率地作出承诺，不能因为借着醉意而乱发脾气；不能因为一时冲动而惹事生非，不能因为精神疲倦而有始无终。

二一七、读书不落筌蹄　观物不泥迹象

【原文】　善读书者，要读到手舞足蹈处，方不落筌蹄；善观物者，要观到心融神洽时，方不泥迹象。

【译文】　善于读书的人，要读到心领神会而忘形地手舞足蹈时，才不会掉入文字的陷阱；善于观察事物的人，要观察到全神贯注与事物融为一体时，才是不拘泥于表面现象而了解了事物的本质。

二一八、勿形人之短　勿凌人之贫

【原文】　天贤一人，以诲众人之愚，而世反逞所长，以形人之短；天富一人，以济众人之困，而世反挟所有，以凌人之贫；真天之戮民哉！

【译文】　上天给予一个人聪明才智，是要让他来教诲众人的愚昧，没想到世间的一些聪明人却卖弄自己的才华，以暴露别人的短处；上天给予一个人财富，就是让他帮助众人解除困难，没想到世间的有钱人却依仗自己的

财富，来欺凌贫穷的人，这两种人真是上天的罪民。

二一九、人分三等　至愚建功

【原文】　至人何思何虑，愚人不识不知，可与论学亦可与建功，唯中才的人，多一番思虑知识，便多一番臆度猜疑，事事难与下手。

【译文】　智慧通达的人处事无忧无虑，愚笨憨厚的人也不会多操心多着急，所以既可以和他们研究学问，也能够与他们一起创建功业，只有那些才能中等的人，智慧不高，什么都懂一点，遇事往往考虑得十分复杂，而且疑心很重，结果任何事情都很难和他们携手进行。

陈琳《寒林钟馗图》

二二〇、守口应紧密防意应深严

【原文】　口乃心之门，守口不密，泄尽真机；意乃心之足，防意不严，走尽邪溪。

【译文】　口是心的大门，如果不能管好自己的口，那么就会泄露很多机密；意是心的双足，如果意防得不够严谨，那么就会走上邪路。

二二一、责人原无过情平　责己求有过德进

【原文】　责人者，原无过于有过之中，则情平；责己者，求有过于无过之内，则德进。

【译文】　对待别人应该宽容，要善于原谅别人的过失，把有过错当作无过错，这样相处就能平心静气；对待自己应该严格，在自己没有过错时要能找到自己的缺点，这样品德就会不断增进。

二二二、陶铸不纯　难成令器

【原文】　子弟者，大人之胚胎，秀才者，士大夫之胚胎。此时若火力不到，陶铸不纯，他日涉世立朝，终难成个令器。

【译文】　小孩是大人的雏型，秀才是官吏的雏型，但如果锻炼得不够火候，陶冶得不够精纯，以后走向社会或者在朝作官，最终难以成为一个有用的人才。

二二三、处难不忧惕宴游　遇权不惧惊茕独

【原文】　君子处患难而不忧，当宴游而惕虑；遇权豪而不惧，对茕独而惊心。

【译文】　有才德的人面临困难的环境也不会忧虑，而在安乐宴饮时却知道警惕；遇到有权势或蛮横的人并不害怕，而对那些年老无助的人却很同情。

二二四、浓夭不及淡久　早秀不如晚成

【原文】　桃李虽艳，何如松苍柏翠之坚贞；梨杏虽甘，何如橙黄桔绿之馨冽？信乎，浓夭不及淡久，早秀不如晚成也。

【译文】　桃李的花朵虽然鲜艳，但怎么比得上苍桦翠柏的坚强不屈；梨杏果实虽然甘甜，但怎么能比得上黄橙绿桔蕴含的芬芳？确实如此，浓烈却消逝得快还不如清淡而维持得长久，少年得志还不如大器晚成。

二二五、风恬浪静见人生 味淡声稀识心体

【原文】 风恬浪静中，见人生之真境；味淡声稀处，识心体之本然。

【译文】 在风平浪静的环境下，可以显现出人生的真实境界；在朴实淡泊的地方，才能体会心性的本来面貌。

二二六、乐谈山林未必得真趣 厌谈名利未必尽忘情

【原文】 谈山林之乐者，未必真得山林之趣；厌名利之谈者，未必尽忘名利之情。

【译文】 好谈山居生活之乐的人，未必真的领悟了山林生活的乐趣；口头上说讨厌名利的人，未必真的将名利忘却。

二二七、多事不如省事为适 多能不如无能全真

【原文】 钓水，逸事也，尚持生杀之柄；弈棋，清戏也，且动战争之心。可见喜事不如省事之为适，多能不若无能之全真。

【译文】 钓鱼本来是一种清闲洒脱的事，而其中却掌握着鱼儿的生杀予夺之权；下棋本来是轻松的娱乐游戏，而其中还充斥着争强好胜的战争心理。从中可以看出，多一事不如少一事让人更加闲适，多才还不如平凡无才能够保全自己的真实本性。

二二八、花茂谷艳乾坤幻 水落崖枯天地真

【原文】 莺花茂而山浓谷艳，总是乾坤之幻境；水木落而石瘦崖枯，

才见天地之真吾。

【译文】　鸟语花香草木繁茂，山谷溪流中充满了艳丽风光，然而这一切不过是大自然的虚幻境象；流水干枯山崖光秃凋零石面清冷，这样才是表现了天地之间的真实境界。

二二九、忙者自促　鄙者自隘

【原文】　岁月本长，而忙者自促；天地本宽，而鄙者自隘；风花雪月本闲，而劳攘者自冗。

【译文】　岁月本来是很长的，而那些忙碌的人自己觉得时间短暂；天地之间本来宽阔无垠，而那些心胸狭窄的人却感觉到局促；风花雪月本来是增加闲情逸致的，是那些庸庸碌碌的人自己觉得多余。

二三〇、得趣不在多　会景不在远

【原文】　处趣不在多，盆池拳石间，烟霞俱足；会景不在远，蓬窗竹屋下，风月自赊。

【译文】　要想感受到生活的情趣并不在东西的多寡，即便一小池清水几块怪石，就可欣赏到山水间无尽的景色；领悟自然的美景不在远近，即便在草窗竹屋之下，就可以感受到清风明月的悠闲。

二三一、听夜钟唤梦中梦　观潭月窥身外身

【原文】　听静夜之钟声，唤醒梦中之梦；观澄潭之月影，窥见身外之身。

【译文】　细听夜阑人静时从远处传来的钟声，可以把我们从人生的梦境中唤醒；静看清澈的潭水中倒映的月影，可以发现真正的自我本性。

二三二、天机清澈　触物会心

【原文】　鸟语虫声，总是传心之诀；花英草色，无非见道之文。学者要天机清澈，胸次玲珑，触物皆有会心处。

【译文】　鸟的声音和虫儿的鸣叫，都是它们传达感情的方法；花的艳丽和草的翠绿，都是体现着道义的纹饰。读书人要心灵透彻，胸中光明，这样接触到任何事物才能心领神会。

二三三、以神弄琴书　悟得无穷趣

【原文】　人解读有字书，不解读无字书；知弹有弦琴，不知弹无弦琴。以迹用，不以神用，何以得琴书之趣？

【译文】　一般人只会读懂用文字写成的书，却无法读懂宇宙这本无字的书；只知道弹奏有弦的琴，却不知道弹奏大自然这架无弦之琴。一味执着事物的形体，地不能领悟其神韵，这样怎么能懂得弹琴和读书的真正妙趣呢？

二三四、心无物欲即霁海　坐有琴书成丹丘

【原文】　心无物欲，即是秋空霁海；坐有琴书，便成石室丹丘。

【译文】　心中没有对名利等物欲的贪求，就会像秋高气爽的天空和晴朗的海面一样明朗辽阔；在闲坐时有琴弦和书籍为伴，生活就会像居住在山洞中的神仙一样逍遥。

二三五、香销茗冷　索然无味

【原文】　宾朋云集，剧饮淋漓，乐矣，俄而漏尽烛残，香销茗冷，不觉反成呕咽，令人索然无味。天下事，率类此，人奈何不早回头也。

【译文】　当一时宾客朋友聚集在一起，酣畅痛饮，狂欢作乐，可是事过之后面对的只是燃尽的残烛，烧尽的檀香，冰凉的茶水，一切快乐已经烟消云散，回想刚才的一切，真让人感到兴味全无。天下的事情，都像这快乐一样转瞬即逝，识时务的人为什么不及时回头呢？

黄公望《富春山居图》（局部）

二三六、会得个中趣　破得眼前机

【原文】　会得个中趣，五湖之烟月尽入寸里；破得眼前机，千古之英雄尽归掌握。

【译文】　能够懂得天地之间所蕴含的机趣，那么五湖四海的山川景色都可以容纳进我的心中；能够识破眼前的机用，那么千古的英雄豪杰都可以由我掌握。

二三七、非上上智　无了了心

【原文】　山河大地已属微尘，而况尘中之尘；血肉身躯且归泡影，而况影外之影。非上上智，无了了心。

【译文】 山川大地与广袤的宇宙空间相比，只是一粒微尖，何况人类不过是微尘中的微尘；我们的身体相对于无限的时间来说，只是相当于一个泡影那么短暂，何况外在的功名富贵不过是泡影外的泡影。所以说，没有绝顶至高的智慧，就没有洞彻真理的心。

二三八、争长竞短几何光阴　较雌论雄　许大世界

【原文】 石火光中争长竞短，几何光阴？蜗牛角上较雌论雄，许大世界？

【译文】 在电光石火般短暂的人生中较量长短，又能争到多少的光阴？在蜗牛触角般狭小的空间里你争我夺，又能夺到多大的世界？

二三九、寒灯无焰弄光景　身如槁木堕顽空

【原文】 寒灯无焰，敝裘无温，总是播弄光景；身如槁木，心似死灰，不免堕在顽空。

【译文】 微弱的灯火已经失去光焰，破旧的棉衣已经不能保暖，这是造化在玩弄世人；身子像干枯的树木，心灵像燃透的灰烬，这样的人不免陷入冥顽之中。

二四〇、休去便休去　了时无了时

【原文】 人肯当下休，便当下了。若要寻个歇处，则婚嫁虽完，事亦不少。僧道虽好，心亦不了。前人云：“如今休去便休去，若觅了时无了时。”见之卓矣。

【译文】 人在可以停歇下来的时候，就应该及时停歇，不必等到万事

俱备。如果一定要寻找一个好时机，那就像人们婚礼虽然完成了，结婚后不免又生出很多事。出家的和尚和道士虽然暂时获得清静，可是他们的心中也未必能了却一切欲望。古人说："现在能够罢休就赶快罢休，如果去寻找一个可以完结的时候便永远无法罢休。"这真是远见卓识啊。

二四一、从冷视热知奔驰无益　从冗入闲觉滋味最长

【原文】　从冷视热，然后知热处之奔驰无益；从冗入闲，然后觉闲中之滋味最长。

【译文】　从热闹的名利声中退出后再来看名利场，才知道热衷于争名夺利最没有意思；从忙碌的生活转到安闲的生活，才知道安闲的人生趣味最能长久。

二四二、有富贵风不必栖岩穴　无泉石癖常自醉酒诗

【原文】　有浮云富贵之风，而不必岩栖穴处；无膏肓泉石之癖，而常自醉酒耽诗。

【译文】　有视富贵如浮云的气度，就没有必要刻意居住到深山幽洞中去怡养心性；那些心中并不酷爱山石清泉的人，却总是附庸风雅作诗饮酒陷于狂醉。

二四三、不为法空缠　身心两自在

【原文】　竞逐听人，而不嫌尽醉；恬淡适己，而不夸独醒。此释氏所谓"不为法缠，不为空缠，身心两自在者"。

【译文】　任凭别人去追名逐利也与己无关，也不因为别人醉心于名利而去疏远他；保持恬静淡泊的心境，也并不夸耀自己的清高。这就是佛教所

说的"不被物欲蒙蔽，也不被虚幻所迷惑，身心俱逍遥自在"。

二四四、机闲一日遥千古　意广斗室若两间

【原文】　延促由于一念，宽窄系之寸心；故机闲者，一日遥于千古，意广者，斗室宽若两间。

【译文】　漫长和短促是出于主观感受，宽和窄是由于心理体验；所以对心灵闲适的人来说一天比千古还长，对胸襟开阔的人来说一间斗室也无比宽广。

二四五、乌有先生损又损　白衣童子忘可忘

【原文】　损之又损，栽花种竹，尽交还乌有先生；忘无可忘，焚香煮茗，总不问白衣童子。

【译文】　要把自己对名利的私欲减少再减少，从栽花种竹中培养生活的情趣，将一切烦恼和忧愁都交还给乌有先生；要把生活琐事忘记掉，那么焚几缕清香，煮一壶好茶，甚至不必问白衣童子是谁。

二四六、知足则仙　善用则生

【原文】　都来眼前事，知足者仙境，不知足者凡境；总出世上因，善用者生机，不善用者杀机。

【译文】　面对眼前的一切，能够知足的人感到如同生活在仙境中，不知满足的人就脱俗；总结世上的一切原因，善于运作的人处处生机，不善运作的人处处危机。

二四七、附势之祸惨亦速　守逸之味淡方长

【原文】　趋炎附势之祸，甚惨亦甚速；栖恬守逸之味，最淡亦最长。

【译文】　依附权势的人，所带来的祸害往往是最惨烈最迅速的；保持恬静淡泊的生活态度，虽然很平淡趣味却最悠久。

高其佩《杂画册》之一

二四八、独行松涧边云生破衲　高卧竹窗下月侵寒毡

【原文】　松涧边，携杖独行，立处云生破衲；竹窗下，枕书高卧，觉时月侵寒毡。

【译文】　在长满松树的小溪边，手挂拐杖独自散步，站立的地方云雾紧紧笼罩在自己的破袍边；在竹窗下，头枕书本无忧无虑地睡眠，等到醒来时清凉的月光已经照在薄毛毡上。

二四九、常忧死虑病　可消幻长道

【原文】　色欲火炽，而一念及病时，便兴似寒灰；名利饴甘，而一想到死地，便味如嚼蜡。故人常忧死虑病，亦可消幻业而长道心。

【译文】　性欲像烈火一样正旺，但一想到生病时的情形，那么兴致就像死灰；功名利禄像蜜糖一样甜密，但一想到为财而死的情形，那么对名利的追求就如同嚼蜡一般。所以如果一个人能常常想到疾病和死亡，就可以消除虚幻的追求而培养一些修行得道的心性。

二五〇、争先径路窄　浓艳滋味短

【原文】　争先的径路窄，退后一步，自宽平一步；浓艳的滋味短，清淡一分，自悠长一分。

【译文】　人人竞相争先的道路最为狭窄，如果能够退后一步，道路自然就会宽广一步；追求浓艳华丽，那么享受到的滋味就会缩短，如果清淡一些，趣味反而更加悠久。

二五一、忙处不乱性　死时不动心

【原文】　忙处不乱性，须闲处心神养得清；死时不动心，须生时事物看得破。

【译文】　要做到忙碌的时候心性不乱，必须在清闲的时候就培养好清醒的头脑；要想在死亡面前不感到畏惧，必须在活着的时候看破一切。

二五二、隐逸无荣辱　道义无炎凉

【原文】　隐逸林中无荣辱；道义路上无炎凉。

【译文】　对于在山林隐居的士人来说，无所谓荣耀与耻辱；对于追求道义的人来说，无所谓人情冷暖世态炎凉。

二五三、除热病身常在清凉　遣穷愁心常居安乐

【原文】　热不必除，而除此热恼，身常在清凉台上；穷不可遣，而遣此穷愁，心常居安乐窝中。

【译文】　暑热不一定要除去，如果要去除暑热带来的烦恼，只要保持清凉的心境即可；穷困不一定要改变，要排除穷困带来的忧愁，只要保持安乐的心境即可。

二五四、思退步免触藩祸　图放手脱骑虎危

【原文】　进步处便思退步，庶免触藩之祸；着手时先图放手，才脱骑虎之危。

【译文】　在平步青云、通达高升时就要做好隐退的准备，这样也许可以避免进退两难的灾祸；在得手时要考虑怎么罢手，这样才能避免骑虎难下的危险。

二五五、贪得者自甘乞丐　知足者不让王公

【原文】　贪得者分金恨不得玉，封公怨不授侯，权豪自甘乞丐；知足

者藜羹旨于膏粱，布袍暖于狐貉，编民不让王公。

【译文】　贪得无厌的人分到金银却恼恨得不到美玉，被封为公爵还要怨恨没有封侯，明明是权贵之家却甘心成为乞丐；知足常乐的人觉得野菜比鱼肉味道还要美，粗布衣袍比狐皮貉裘还要温暖，虽然身为编户平民却比王公不逊色。

二五六、逃名多趣　省事心闲

【原文】　矜名不若逃名趣，练事何如省事闲。

【译文】　炫耀自己的名声还不如逃避名声更有趣味，世事练达也不如多省一事来得悠闲。

二五七、自得之士　自适之天

【原文】　嗜寂者，观白云幽石而通玄；趋荣者，见清歌妙舞而忘倦。唯自得之士，无喧寂，无荣枯，无往非自适之天。

【译文】　喜欢宁静的人，看到天上的白云和山间的幽石也能悟出其中的玄机；喜欢荣华的人，听见清扬的歌声看到美妙的舞蹈会忘记疲倦。只有那些纯净自得的人，没有喧嚣或寂寞的烦恼，没有得志或失意的痛苦，过去和现在都是他自得逍遥的天地。

二五八、孤云去留无系　朗镜静躁不干

【原文】　孤云出岫，去留一无所系；朗镜悬空，静躁两不相干。

【译文】　一朵孤云从山谷中飘出来，来来去去自由自在；一轮明月像镜子一样悬挂在天空，世间的安静或喧闹和它毫无关系。

二五九、浓处味常短　淡中趣独真

【原文】　悠长之趣，不得于浓酽，而得于啜菽饮水；惆恨之怀，不生于枯寂，而生于品竹调丝。故知浓处味常短，淡中趣独真也。

【译文】　悠远绵长的趣味不是从浓烈的酒中得来，而是从食用清淡的豆类清水中得来；惆怅悲恨的情怀不是从孤寂困苦中产生，而是从品竹调丝中产生。由此可知浓厚的味道往往很快消散，而淡泊的事物才最真实。

二六〇、无意者反远　无心者自近

【原文】　禅宗曰："饥来吃饭倦来眠。"诗旨曰："眼前景致口头语。"盖极高寓于极平，至难出于至易；有意者反远，无心者自近也。

【译文】　禅宗有一则偈语说："饥饿时吃饭，疲倦时睡眠。"诗的宗旨是："用口头的语言表达眼前的景致。"大概说得是极深的哲理蕴含在极为平淡的语言中，最难的东西要从最简单处着手；凡事刻意去强求往往离真埋更远、无心而任其自然反而比较接近真理。

梁楷《泼墨仙人图》

二六一、处喧见寂　出有入无

【原文】　水流而境无声，得处喧见寂之趣；山高而云不碍，悟出有入无之机。

【译文】　流水淙淙，而两岸的人却听不到流水的声音，可见在喧闹的环境中仍能享受寂静的趣味；高山耸立，云彩也不会觉得受到阻碍，可见从有我中悟出无我的玄机。

二六二、心无染欲境是仙都　心有系乐境成苦海

【原文】　山林是胜地，一营恋变成市朝；书画是雅事，一贪痴便成商贾。盖心无染着，欲境是仙都；心有系恋，乐境成苦海矣。

【译文】　山林是风景优美的地方，如果对山居有了贪恋，那么山林也成了俗市；欣赏书画是高雅的行为，如果有了贪求和痴恋，就跟商人没有什么两样了。所以只要心地纯真，即使身在物欲横流的环境中也如同在仙境一般；心中有牵挂，那么即使处在快乐的环境中也如同在苦海中一样。

二六三、静躁稍分　昏明顿异

【原文】　时当喧杂，则平日所记忆者，皆漫然忘去；境在清宁，则夙昔所遗忘者，又恍尔现前。可见静躁稍分，昏明顿异也。

【译文】　人在喧闹杂乱的时候，平时所记着的事情，都会淡忘掉；当环境清静安宁的时候，过去所遗忘的东西，又仿佛浮现在眼前。可见只要安静和浮躁稍分明，昏聩和清醒就会迥然不同。

二六四、芦花被下保夜气　竹叶杯中离红尘

【原文】　芦花被下，卧雪眠云，保全得一窝夜气；竹叶杯中，吟风弄月，躲离了万丈红尘。

【译文】　以芦花作棉被，以雪地作床，以云彩作帐，一窝清新之气得

以保全；以竹叶作酒杯，在清风明月下吟咏，可以逃避尘世中的纷乱烦扰。

二六五、浓不胜淡　俗不如雅

【原文】　衮冕行中，着一藜杖的山人，便增一段高风；渔樵路上，着一衮衣的朝士，转添许多俗气。固知浓不胜淡，俗不如雅也。

【译文】　在达官贵人的行列当中，如果出现一个手持藜杖隐居山中的高人，便可以增加一种高雅的风韵；在渔人樵夫往来的路上，如果有一位穿着朝服的达官显贵，反而会增添许多庸俗的气息。所以说浓艳比不上清淡，庸俗比不上高雅啊。

二六六、出世不必绝人　了心不必绝欲

【原文】　出世之道，即在涉世中，不必绝人以逃世；了心之功，即在尽心内，不必绝欲以灰心。

【译文】　超凡脱俗的方法，就应该在尘世中寻找，不必刻意隔绝世人远遁山林；了悟本心的功夫，就在于尽心尽力中去体会，不一定要断绝欲念使心如死灰。

二六七、身在闲处无荣辱　心在静中知利害

【原文】　此身常放在闲处，荣辱得失谁能差遣我；此心常安在静中，是非利害谁能瞒昧我。

【译文】　使自己常常处在闲适的环境中，那么世间的荣辱得失如何能够左右我；使自己的心境经常保持安宁平静，那么世间的利害关系如何能够欺蒙我。

二六八、竹篱闻鸡似云中　芸窗听蝉知乾坤

【原文】　竹篱下，忽闻犬吠鸡鸣，恍似云中世界；芸窗中，雅听蝉吟鸦噪，方知静里乾坤。

【译文】　立在竹篱下面忽然听到鸡鸣狗吠的声音，恍然让人觉得生活在神仙世界中；坐在书房里面忽然听到蝉鸣鸦啼，才感受到安静中蕴藏有无限情趣。

二六九、不希荣不忧利禄　不竞进不畏仕宦

【原文】　我不希荣，何忧乎利禄之香饵？我不竞进，何畏乎仕宦之危机？

【译文】　我不去追求那些荣华富贵，怎么会担心名利和官禄的诱惑呢？我不想升官发财，怎么会担心官场上潜伏的各种危机呢？

二七〇、不玩物丧气　亦借境调情

【原文】　徜徉于山林泉石之间，而尘心渐息；夷犹于诗书图画之内，而俗气潜消。故君子虽不玩物丧志，亦常借境调心。

【译文】　在山间树林清泉怪石旁流连忘返，那么凡俗的心就会逐渐平息；寄情于读书吟诗作画的情趣中，那么庸俗的气息就会在不知不觉中消失；所以有德行的君子虽然不因为沉溺于外物而消磨意志，也常常借助外物调节心境。

二七一、春日不若秋日　繁华莫如风清

【原文】　春日气象繁华，令人心神骀荡，不若秋日云白风清，兰芳桂馥，水天一色，上下空明，使人神骨俱清也。

【译文】　春天景致繁茂昌盛，让人感到心旷神怡，但却不如秋高气爽清风吹拂白云飘飞，兰花桂花清香扑面，秋水与长天共一色，天地澄澈清明，让人的身体和精神都感到清爽舒畅。

二七二、一字不识得真趣　一偈不参悟玄机

【原文】　一字不识，而有诗意者，得诗家真趣；一偈不参，而有禅味者，悟禅教玄机。

【译文】　一个字都不认识，却充满诗意的人，才体会到了诗的真正趣味；一句偈语都不参悟，却富有禅机的人，可以说已领悟了禅理的奥妙。

二七三、机动浑是杀气　念息俱见真机

【原文】　机动的，弓影疑为蛇蝎，寝石视为伏虎，此中浑是杀气；念息的，石虎可作海鸥，蛙声可当鼓吹，触处俱见真机。

【译义】　好用心机的人，会怀疑杯中的弓影是毒蛇，将草中的石头当作蹲着的老虎，内心中充满了杀气；意念平和的，把凶恶的石虎当作温顺的海鸥，把聒噪的蛙声当作吹奏的乐曲，眼中所见到的都是真正的机趣。

二七四、身任流行坎止　心由刀割香涂

【原文】　身如不系之舟，一任流行坎止；心似既灰之木，何妨刀割香涂。

【译文】　身体要像没有系上缆绳的小船，任凭船儿飘流或者静止；心地要像已经烧成灰的树木，不怕刀砍或者涂香。

二七五、自鸣天机　自畅生意

【原文】　人情听莺啼则喜，闻蛙鸣则厌，见花则思培之，遇草则欲去之，俱是以形气用事；若以性天视之，何者非自鸣其天机，非自畅其生意也。

【译文】　一般人总是听到黄莺啼叫就高兴，听到蛙鸣就厌恶，看见花木就愿意栽培它，看见野草就想拔掉，这都是根据对象的外形气质来决定好恶；如果以自然的本性来看待，哪一个动物不是随其天性而鸣叫，哪一种草木不是在畅显自己的生机呢。

二七六、发落齿疏任凋谢　鸟吟花开识真如

【原文】　发落齿疏，任幻形之凋谢；鸟吟花开，识自性之真如。

【译文】　人到老年就会头发脱落牙齿稀疏，那就任凭形骸自己凋谢好了；从鸟儿的歌唱和鲜花盛开中，却要能够体悟本性恒常不灭的道理。

孙位《高逸图》（部分）

二七七、欲者波沸寒潭　虚者凉生酷暑

【原文】　欲其中者，波沸寒潭，山林不见其寂；虚其中者，凉生酷暑，朝市不知其喧。

【译文】　内心充满欲望的人，即使在寒冷的深潭中也会烧起沸腾的波浪，就是处在深山野林中也无法使他心灵平静；内心没有私欲的人，即使在酷热的暑天也会感到浑身凉爽，就是在早晨热闹的集市上也感觉不到内心的喧嚣。

二七八、富不如贫无虑　贵不如贱常安

【原文】　多藏者厚亡，故知富不如贫之无虑；高步者疾颠，故知贵不如贱之常安。

【译文】　财富聚集得太多的人，失去时损失也大，由此可见富有的人还不如贫穷的人过得无忧无虑；地位爬得越高的人，摔得也会越惨，由此可见地位高的人还不如卑贱的人过得平安。

二七九、晓窗读易　午案谈经

【原文】　读易晓窗，丹砂研松间之露；谈经午案，宝磬宣竹下之风。

【译文】　早晨在窗下诵读《易经》，用松树上的露珠来研磨朱砂批阅评点；中午在书桌旁谈论佛经，只听见木鱼声和着竹林间的清风传向远方。

二八○、盆花失生机　笼鸟减天趣

【原文】　花居盆内终乏生机，鸟入笼中便减天趣；不若山间花鸟错集成文，翱翔自若，自是悠然会心。

【译文】　花木移栽到盆中终归失去了蓬勃的生机，飞鸟关入笼中就减少了盎然的生趣；不如山间的花鸟点染成美丽的景致，自由飞翔，这样才能使人悠然领会自然的妙趣。

二八一、不知有我安知物贵　知身非我烦恼何侵

【原文】　世人只缘认得我字太真，故多种种嗜好，种种烦恼。前人云："不复知有我，安知物为贵。"又云："知身不是我，烦恼更何侵？"真破的之言也。

【译文】　世上的人因为把"我"字看得太重，所以才会有那么多的嗜好和那么多的苦恼。古人说："如果已经不再知道我的存在，又怎么会知道东西是否贵重？"又说："如果知道自身并不属于自己所有，那么烦恼又怎能侵害我呢？"这真是一语中的。

二八二、老视少消角逐心　瘁视荣绝纷华念

【原文】　自老视少，可以消奔驰角逐之心；自瘁视荣，可以绝纷华靡丽之念。

【译文】　以老年时的眼光来看待少年时的行为，就可以消除很多追名逐利的心理，从衰败时的情形来看繁盛的景象，可以断绝很多追求荣华富贵

的念头。

二八三、人情悠忽　世态万端

【原文】　人情世态，倏忽万端，不宜认得太真。尧夫云："昔日所云我，而今却是伊，不知今日我，又属后来谁。"人常作是观，便可解却胸中挂矣。

【译文】　人世间的冷暖炎凉，瞬息就会发生变化，不必看得那么认真。尧夫先生说："昨天所说的我，在今天已经变成了他，不知道今天的我，明天又变成谁。"人们常作这样的思考，就可以放下心中许多牵挂。

二八四、冷眼省苦心　热心得真趣

【原文】　热闹中着一冷眼，便省许多苦心思；冷落处存一热心，便得许多真趣味。

【译文】　在极为热闹喧嚣的场合，如果能用冷静的眼光观察外物，便可省去许多令人烦恼的事情；在失意落寞的时候，如果能有一个奋发向上的决心，那就可以得到许多人生真正的乐趣。

二八五、寻常家饭　安乐窝巢

【原文】　有一乐境界，就有一不乐的相对待；有一好光景，就有一不好的相乘除。只是寻常家饭，素位风光，才是个安乐的窝巢。

【译文】　有一个快乐的境界，就一定有一个不快乐的境界相比较；有一处美好的景色，就一定有一处不美的景色相参照。只有那些普通的家常便饭，寻常的自然景色，才是真正安乐的归宿。

二八六、帘栊高敞识乾坤之自在　竹树扶疏知物我之两忘

【原文】　帘栊高敞，看青山绿水吞吐云烟，识乾坤之自在；竹树扶疏，任乳燕鸣鸠送迎时序，知物我之两忘。

【译文】　将窗帘高高卷起敞开窗户，欣赏青山绿水间云蒸雾绕的美妙景致，才认识到大自然是多么美妙自在；竹林茂盛树木疏朗，听任小燕子和鸣叫的鸠鸟在报告着季节的变化，因而领悟到万物合一浑然忘我的境界。

二八七、知必败不必太坚　知必死不必过劳

【原文】　知成之必败，则求成之心不必太坚；知生之必死，则保生之道不必过劳。

【译文】　如果知道有成功就一定有失败，那么也许求取成功的意志就不会那么坚决；如果知道有生就会有死，那么养生之道就不必过于用心良苦。

二八八、竹影扫阶尘不动　水流任急境常静

【原文】　古德云："竹影扫阶尘不动，月轮穿沼水无痕。"吾儒云："水流任急境常静，花落虽频意自闲。"人常持此意，以应事接物，身心何等自在。

【译文】　古时候有一位道德高尚的和尚说："竹子的影子在台阶上掠过而尘土不会飞扬起来，月影倒映池塘而水面不会生起丝毫波纹。"有一位儒家学者也说："水流得再急，四周的环境仍然宁静，花落得再多，意兴依然闲适。"一个人如果常保持这样的生活态度来为人处世，那么身心是多么自在逍遥啊。

二八九、静里听韵识鸣佩　闲中观光见文章

【原文】　林间松韵，石上泉声，静里听来，识天地自然鸣佩；草际烟光，水心云影，闲中观去，见乾坤最上文章。

【译文】　山林中的松涛声声，泉石间水流淙淙，静静听来，可以体会到天地之间大自然的美妙乐章；草丛上升起的迷蒙烟雾，水中央倒映的白云美景，悠闲地看去，是宇宙间最美妙的天然文章。

二九〇、溪壑易填　人心难满

【原文】　眼看西晋之荆榛，犹矜白刃；身属北邙之狐兔，尚惜黄金。语云："猛兽易伏，人心难降；溪壑易填，人心难满。"信哉！

【译文】　当西晋前途面临危险的时候，还有豪门贵族在夸耀武力多么豪强；眼看人将死去变成北邙山狐兔的食物，此时竟然还有人吝惜黄金。俗话说："猛兽容易制伏，而人心难以降服；深谷容易填平，而人心难以满足。"这句话非常正确啊。

二九一、心地上无风涛　性天中有化育

【原文】　心地上无风涛，随在皆青山绿树；性天中有化育，触处见鱼跃鸢飞。

【译文】　如果心中平静没有烦乱的情绪，那么眼中所见都是青山绿水之美景；如果本性中有化育万物的爱心，那么所看之物无不是鱼跃鸟飞的生动景观。

二九二、峨冠之士睹小笠咨嗟　长筵之豪遇净几缱恋

【原文】　峨冠大带之士，一旦睹轻蓑小笠，飘飘然逸也，未必不动其咨嗟；长筵广席之豪，一旦遇疏帘净几，悠悠焉静也，未必不增其缱恋。人奈何驱以火牛，诱以风马，而不思自适其性载？

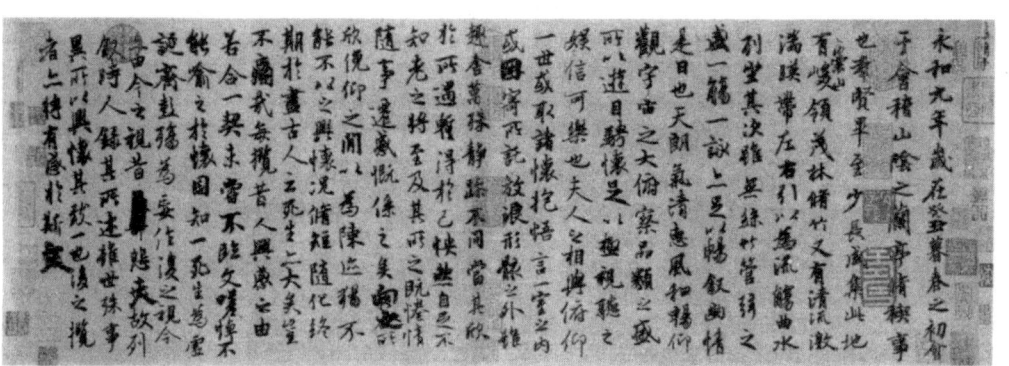

王羲之《兰亭序》（摹本）

【译文】　身穿华服头戴高帽的达官贵人，如果有一天看到戴着斗笠身穿蓑衣的老百姓飘飘然逍遥自在，未必心中不会产生失落的感慨；生活奢靡筵席不断的豪门大富，如果有一天看到窗明几净的平民悠然闲适的样子，未必没有慕恋的心态。世上的人为什么还要以火牛阵相争斗，还要违背常情去追逐名利呢？为什么不去过朴素的生活来顺应自己清淡的本性呢？

二九三、鱼游忘水超物累　鸟飞遗风乐天机

【原文】　鱼得水游，而相忘乎水，鸟乘风飞，而不知有风，识此可以超物累，可以乐天机。

【译文】　鱼在水中才能自由游动，却忘记是得益于水的支持；鸟儿乘风飞翔，却不知道是有风托持着它。认识了这个道理就可以超脱外物的束缚，可以享受到快乐的天趣。

二九四、盛衰何常 强弱安在

【原文】 狐眠败砌，兔走荒台，尽是当年歌舞之地；露冷黄花，烟迷衰草，悉属旧时争战之场。盛衰何常？强弱安在？念此令人心灰！

【译文】 狐狸做窝的残垣断壁，野兔出没的荒废楼台，这些都是当年歌舞升平的地方，清冷露珠洒满野外，烟笼雾绕枯草丛，这里曾是古代逐鹿争斗的场所。兴盛和衰败哪里会长久不变？强弱胜负又都留在哪里呢？想到这些不禁令人灰心意冷！

二九五、宠辱不惊闲看花 去留无意漫随云

【原文】 宠辱不惊，闲看庭前花开花落；去留无意，漫随天外云卷云舒。

【译文】 无论是光荣或者屈辱都不会在意，只是悠闲地欣赏庭院中花草的盛开和衰落；无论是晋升还是贬职，都不在意，只是随意观看天上浮云自如地舒卷。

二九六、晴空蛾投烛 清泉枭嗜鼠

【原文】 晴空朗月，何天不可翱翔，而飞蛾独投夜烛；清泉绿卉，何物不可饮啄，而鸱枭偏嗜腐鼠。噫！世之不为飞蛾鸱枭者，几何人哉？

【译文】 晴空万里，明月高照之下，哪个空间不能任意翱翔，而飞蛾却偏偏要在夜间扑向烛火；清泉流水，绿草野果，哪一种东西不能饮食果腹，而鸱枭却偏偏爱吃死老鼠。唉，世界上能不像飞蛾、鸱枭那样犯傻的人又有几个呢？

二九七、就筏舍筏无事　骑驴觅驴不了

【原文】　才就筏便思舍筏，方是无事道人；若骑驴又复觅驴，终为不了禅师。

【译文】　才登上竹筏就想到上岸后要舍弃这竹筏，这才是懂得不受外物羁绊的真人；如果已经骑在驴上却还想着找另外一头驴，便永远也无法成为了却尘缘的高僧。

二九八、冷眼初龙骧　冷情当蜂起

【原文】　权贵龙骧，英雄虎战，以冷眼视之，如蚁聚膻，如蝇竞血；是非蜂起，得失猬兴，以冷情当之，如冶化金，如汤消雪。

【译文】　有权势的达官贵人像龙一样显示他们的威风，英雄豪杰像猛虎一样争战，用冷静的眼光来看待他们，只不过是像蚂蚁聚集在腥膻味旁争食，苍蝇竞相吸血一样；人间的是是非非像乱蜂涌集，人间的得失像刺猬毛密集，用冷静的头脑来应付，不过就象金属在炉中冶冻，冰雪被热火所融化一样。

二九九、知哀尘情破　知乐圣境臻

【原文】　羁锁于物欲，觉吾生之可哀；夷犹于性真，觉吾生之可乐。知其可哀，则尘情立破，知其可乐，则圣境自臻。

【译文】　被物质欲望所羁绊，会觉得我们的生命很可悲；悠游在纯真的本性中，才觉得生命很可爱。知道那样很可悲，那么尘世的情怀可以立刻消除，知道那样很可爱，那么神圣的境界自然会达到完美。

三〇〇、胸无物欲冰消月 眼有空明影在波

【原文】 胸中即无半点物欲，已如雪消炉焰冰消日；眼前自有一段空明，时见月在青天影在波。

【译文】 心中没有半点对物质的欲望，已经像炉火将雪消融像太阳将冰融化一样；自己的心目中有一片空旷开朗的景象，就仿佛皓月当空水中映出其倒影一样。

三〇一、微吟诗思已浩然 独往野兴相映发

【原文】 诗思在灞陵桥上，微吟就，林岫便已浩然；野兴在镜湖曲边，独往时，山川自相映发。

【译文】 人在送别之地灞陵桥上最能诗兴大发，刚刚低声吟完，山峦丛林已经充满了诗情画意；人在镜湖畔曲江边，独自漫步时，就可看见山水互相辉映令人陶醉。

三〇二、知伏久飞高免忧 知开先谢早消躁

【原文】 伏久者飞必高，开先者谢独早；知此，可以免蹭蹬之忧，可以消躁急之念。

【译文】 潜伏得越久的鸟，会飞得越高，花朵盛开得越早，也会凋谢越快；明白了这个道理，就可以免去怀才不遇的忧愁，可以消除急躁求进的念头。

三〇三、树木归根知徒荣　人事盖棺知无益

【原文】　树木至归根，而后知华萼枝叶之徒荣；人事至盖棺，而后知子女玉帛之无益。

【译文】　树木到了凋谢枯萎的时候，才知道茂盛的枝叶和鲜艳的花朵只是一时的繁荣；人到了死后盖棺定论时，才知道原来追求子女众多财物丰盈是毫无用处的。

三〇四、真空不空如何发付　在世出世善自修持

【原文】　真空不空，执相非真，破相亦非真，问世尊如何发付？在世出世，徇欲是苦，绝欲亦是苦，听吾侪善自修持！

【译文】　能超出一切色相意识的真实境界，并不就能看空一切，执着于外在形相并不能看清事物的本质，同样地，破除外在形相也不能看清事物的本质，请问佛陀如何解释这个道理？身处俗世要能超脱于俗事之处，追求私欲是一种痛苦，断绝一切私欲也是一种痛苦，这就要靠我们自己好好修持。

三〇五、烈士让千乘不好利　天子营家国异焦声

【原文】　烈士让千乘，贪夫争一文，人品星渊也，而好名不殊好利；天子营家国，乞人号饔飧，分位霄壤也，而焦思何异焦声。

【译文】　行为刚烈的义士可以将千乘之国礼让于人，贪求无厌的人却为一文钱而争夺，这两种人的品格有天壤之别，但义士好名的心理和贪财人好利的心理并没有什么区别；天子掌管国家大事，乞丐沿街要饭，这两种人的身份地位有天壤之别，但天子思虑国家事务的忧愁和乞丐乞求食物的痛苦

却没有什么区别。

三〇六、饱谙世味慵开眼　会尽人情只点头

【原文】　饱谙世味，一任覆雨翻云，总慵开眼；会尽人情，随教呼牛唤马，只是点头。

【译文】　饱尝人间酸甜苦辣的人，任由世间反复无常，他总懒得睁开眼去注意一下；看透了世间的人情冷暖，即使被人呼牛唤马地吆喝，也只是一味点头而已。

三〇七、随缘打发　自然入无

【原文】　今人专求无念，而终不可无。只是前念不滞，后念不迎，但将现在的随缘打发得去，自然渐渐入无。

【译文】　今天的人一心想要心无杂念，但终究也没有办法达到完全没有杂念的地步。只要先前的杂念不要存在心中，对于未来的杂念不会生起，只将现有杂念随着机缘打发掉，自然能渐渐达到无杂念的境界。

三〇八、意随无事适　风逐自然清

【原文】　意所偶会便成佳境，物出天然才见真机，若加一分调停布置，趣意便减矣。白氏云："意随无事适，风逐自然清。"有味哉！其言之也。

【译文】　意念中因为偶然的领悟才会达到最美妙的境界，事物要自然生成才能显现出真正的机趣，如果增加一分人为的安排布置，那么情趣意境就会消减。白居易诗云："意随无事适，风逐自然清。"真值得玩味！诗中所说的正是这个意思啊。

马守真《兰花图》

三〇九、性天澄流通济身心　心地沉迷弄精魂

【原文】　性天澄澈，即饥餐渴饮，无非康济身心；心地沉迷，纵谈禅演偈，总是播弄精魂。

【译文】　本性清明纯真的人，饿了就吃渴了就喝，这一切都是为了保证身心健康；心中迷乱糊涂的人，即使谈伦佛偈，也都是在浪费自己的精力。

三一〇、念净境空　游衍真境

【原文】　人心有个真境，非丝非竹而自恬愉，不烟不茗而自清芬。须念净境空，虑忘形释，才得以游衍其中。

【译文】　在人的内心中有一个真实的美妙境界，不需要丝竹管弦之音也觉闲适愉快，不燃香不饮茶也感清新芳香。必须要意念澄静，心境虚空，忘记忧思愁虑，解脱形体束缚，这样才能自如地悠游在妙境之中。

三一一、金自矿出以求真 道得酒中不离俗

【原文】 金自矿出，玉从石生，非幻无以求真；道得酒中，仙遇花里，虽雅不能离俗。

【译文】 黄金从矿砂中冶炼出来，美玉由石头琢磨而成，这是说不经过虚幻就无法得到真实；道理可以在饮酒中求得，神仙能在声色场中遇到，这是说即使高雅也不能完全脱离凡俗。

三一二、不须分别万物 不须取舍万情

【原文】 天地中万物，人伦中万情，世界中万事，以俗眼观，纷纷各异，以道眼观，种种是常，何须分别，何须取舍？

【译文】 天地间各种事物，人际中各种感情，世界上各种事情，用凡俗眼光看待，各有各的不同，用超越世俗的眼光看待，样样都属平常，有什么必要去区别，有什么必要去取舍呢？

三一三、神酣得天地气 味足识人生真

【原文】 神酣，布被窝中，得天地冲和之气；味足，藜羹饮后，识人生淡泊之真。

【译文】 安然舒畅地睡在粗布棉被中的人，可以吸收天地间平和的精气；满足粗茶淡饮的，才能体会淡泊人生的真正趣味。

三一四、能休尘境为真境　未了僧家是俗家

【原文】　缠脱只在自心，心了则屠肆糟糠，居然净土。不然，纵一琴一鹤，一花一卉，嗜好虽清，魔障终在。语云："能休尘境为真境，未了僧家是俗家。"信夫。

【译文】　是被羁绊还是能够解脱，完全看自己的内心，如果内心能够了悟，那么屠户酒肆也会变成极乐净土。如果内心不能了悟，即使是携一琴带一鹤自娱，种一花养一草自乐，爱好虽然高雅，但被羁绊的魔障还存在。俗话说："能够摆脱尘世才能进入真正的境界，不能悟道的僧人和凡人没有两样。"这句话是正确的。

三一五、斗室中珠帘卷雨　三杯后短笛吟风

【原文】　斗室中，万虑都捐，说甚画栋飞云，珠帘卷雨；三杯后，一真自得，唯知素琴横月，短笛吟风。

【译文】　居住在狭窄的小房间里，能够抛弃一切私欲杂念，哪里还去管什么雕梁画栋飞檐入云的华屋；三杯酒下肚之后，胸中就会出现一片纯真自然的本性，这时只知道在月下抚琴，在微风中吹笛了。

三一六、万籁弄声唤情趣　万卉擢秀触生机

【原文】　万籁寂寥中，忽闻一鸟弄声，便唤起许多幽趣；万卉摧剥后，忽见一枝擢秀，便触动无限生机。可见性天未常枯槁，机神最宜触发。

【译文】　在万物都寂静无声的时候，忽然听见一声鸟儿鸣叫，则会唤起许多幽情雅趣；当所有的花草都凋谢枯败后，忽然看见一枝花挺拔怒放，便会触动心灵产生无限生机。可见万物的本性并不会全部枯萎，生命的机趣

应该不断激发。

三一七、把柄在手　收放自如

【原文】　白氏云："不如放身心，冥然任天造。"晁氏云："不如收身心，凝然归寂定。"放者流为猖狂，收者入于枯寂。唯善操身心者，把柄在手，收放自如。

【译文】　白居易说："不如放任自己的身心，默默听从天地的造化。"晁补之说："不如收敛自己的身心，静静地归于安寂。"放任往往使人狂放自大，过度敛心又会归入枯寂。只有善于把持自己身心的人，控制的开关在自己手中，可以收放自如取得平衡。

三一八、雪月心境澄澈　春风意界冲融

【原文】　当雪夜月天，心境便尔澄澈；遇春风和气，意界亦自冲融；造化，人心，混合无间。

【译文】　每当在飞雪的夜晚或者明月当空的时候，心境就会非常清澈明净；每当春风吹拂气候温暖的时候，意境也会自然通透；天地的造化和人心的感受，联系在一起没有什么分别。

三一九、文以拙进无限　道以拙成有味

【原文】　文以拙进，道以拙成，一拙字有无限意味。如桃源犬吠，桑间鸡鸣，何等淳庞。至于寒潭之月，古木之鸦，工巧中便觉有衰飒气象矣。

【译文】　文章讲究质朴实在才能长进，道义讲究真诚自然才能修成，一个拙字蕴含有说不尽的意味。像桃花源中的狗叫，又如桑林间的鸡鸣，是多么淳朴有余味啊。至于清冷潭水中映照的月影，枯老树木上的乌鸦，虽然

工巧，却给人一种衰败气象。

三二〇、以我转物尽逍遥　以物役我生缠缚

【原文】　以我转物者，得固不喜，失亦不忧，大地尽属逍遥；以物役我者，逆固生憎，顺亦生爱，一毫便生缠缚。

【译文】　由我来把握和主宰事物，那么得到也不会欣喜，失去也没有忧愁，这样感觉到整个人生都逍遥自在；让事物来控制奴役我，那么不顺利时会恼恨，顺利时又会喜欢，一点微小的事就能把自己束缚住。

三二一、理寂去影留形　心空聚膻却蚋

【原文】　理寂则事寂，遣事执理者，似去影留形；心空则境空，去境存心者，如聚膻却蚋。

【译文】　道理归于空寂那么事情也归于空寂，舍弃事情而执着于道理，就好像要去除影子却要留下形体那样不当；内心如果保持空寂那么外在的境遇也会随着空寂，舍弃境遇而仍然执着于本心，就好像以聚集腥臭来驱赶蚊蝇一样可笑。

三二二、一牵文泥迹　便落尘世海

【原文】　幽人清事总在自适，故酒以不劝为欢，棋以不争为胜，笛以免腔为适，琴以无弦为高，会以不期约为真率，客以不迎送为坦夷，若一牵文泥迹，便落尘世苦海矣！

【译文】　幽居的人和高雅的事都为了顺应自己的本性，所以饮酒时以不劝饮最为快乐，下棋以不相争胜最为高明，吹笛时以自得其乐最为快意，弹琴以信手拈来为最雅，相会以没有邀约为最真诚，宾客往来以不迎送为最坦荡，假如一受到繁文缛节的束缚，那么就要掉进世俗的苦海中了。

三二三、思未生前超物外　思既死后游像先

【原文】　试思未生之前有何像貌，又思既先之后作何景色？则万念灰冷，一性寂然，自可超物外，而游像先。

【译文】　试着想一下在没有出生之前哪里有什么像貌，又想想死了之后还有什么形象？那么原先所有的念头便会冷却消失，内心也会寂静现出本性，自然可以超然物外，悠游在形体之外。

三二四、遇病思强非早智　贪生知死为卓见

【原文】　遇病而后思强之为宝，处乱而后思平之为福，非早智也；幸福而先知其为祸之本，贪生而先知其为死之因，其卓见乎。

【译文】　遇到疾病时才想到身体强壮最为宝贵，处在动乱时候才想到升平安稳的幸福，这不算有预知的智慧；得到幸福而预先知道幸福实际上是带来祸患的根本，贪恋生命而能预先知道生命是走向死亡的前提，这才是有卓远的见识。

三二五、优人傅粉调珠妍丑何存　奕者争艺竞后雌雄安在

【原文】　优人傅粉调朱，效妍丑于毫端，俄而歌残场罢，妍丑何存；弈者争先竞后，较雌雄于着子，俄而局尽子收，雌雄安在？

【译文】　演戏的伶人涂抹胭脂口红，将美丽和丑陋再现得维妙维肖，歌舞结束好戏散场之后，那些美丽和丑陋哪里还会存在；下棋的人争先恐后，通过下棋比个你高我低，一会儿棋局结束收起棋子，刚才的胜负又在哪里呢？

三二六、风花潇洒静为主　水木荣枯闲操权

【原文】　风花之潇洒，雪月之空清，唯静者为之主；水木之荣枯，竹石之消长，独闲者操其权。

【译文】　清风之下花朵自由自在地随风飘舞，雪夜中明月皎洁空灵，只有内心宁静的人才能成为这美妙景致的主宰；流水边树木的繁茂或枯败，竹林间石头的消退增长，只有意态悠闲的人才能掌握和欣赏。

三二七、田父欣然喜鸡酒　野叟油然乐袍褐

【原文】　田父野叟，语以黄鸡白酒则欣然喜，问以鼎食则不知；语以温袍短褐则油然乐，问以衮服则不识。其天全，故其欲淡，此是人生第一个境界。

【译文】　在田间劳作的农夫或野外谋生的老人，问到黄鸡白酒的家常便饭就兴味很高，问到山珍海味则全不知道；谈论到温暖的粗布袍和麻布短衣就油然高兴，问到华美的朝服却完全不知道。因为他们保持了纯真自然的本性，所以欲望淡泊，这是人生的第一等境界。

三二八、观心增障　齐物剖同

【原文】　心无其心，何有于观，释氏曰"观心者，重增其障；物本一物，何待于齐?"庄生曰："齐物者，自剖其同。"

【译文】　人心如果不生出私心杂念，何必要去观心呢？佛家所说的观心，反而是增加修持的障碍；天地间的万物原本是一体的，何必等待人去划一？庄子所说的物我齐一，是把本属同一体的东西分开了。

三二九、笙歌正浓羡撒手　更漏已残笑沉身

【原文】　笙歌正浓处，便自拂衣长往，羡达人撒手悬崖；更漏已残时，犹然夜行不休，笑俗士沉身苦海。

【译文】　歌舞娱乐兴味正浓的时候，便毫不留恋地拂衣离去，真羡慕这些心胸豁达的人能够临悬崖而放手；在夜深漏残时，还有人在不停地奔走忙碌，这些凡俗的人在苦海中挣扎真是可笑。

三三〇、把握未定澄静体　操持既坚养圆机

【原文】　把握未定，宜绝迹尘嚣，使此心不见可欲而不乱，以澄吾静体；操持既坚，又当混迹风尘，使此心见可欲而亦不乱，以养吾圆机。

【译文】　当一个人对自己的内心不能把握控制时，应该远离尘世的喧嚣，使这颗心不受欲望的诱惑，这样就不会迷乱，然后能够清明地体悟纯净的本性；如果内心的操守已经足够坚定时，又应该混居滚滚红尘中，使这颗心接受欲望的诱惑也不会迷乱，这样便能修养自己圆通的灵机。

三三一、意在天人成我相　心著于静是动根

【原文】　喜寂厌喧者，往往避人以求静，不知意在无人便成我相，心著于静便是动根，如何到得人我一视，动静两忘的境界？

【译文】　喜欢寂静而厌恶喧嚣的人，往往逃避人群以求得安宁，却不知道故意离开人群便是执着于自我，刻意去求宁静实际是骚动的根源，怎么能够达到将自我与他人一同看待，将宁静与喧嚣一起忘记的境界呢？

三三二、走入尘寰　身属赘旒

【原文】　山居胸次清洒，触物皆有佳思；见孤云野鹤，而起超绝之想；遇石涧流泉，而动澡雪之思；抚老桧寒梅，而劲节挺立；侣沙鸥麋鹿，而机心顿忘。若一走入尘寰，无论物不相关，即此身亦属赘旒矣！

【译文】　居住在深山中心胸清新开阔，接触到任何事物都有高雅的情感：看见一片孤云飘荡一只野鹤飞翔可以产生超越一切的想法，遇到山谷中清泉流动会产生洗涤一切凡俗的想法；抚摸着苍老的松树和寒冬中的梅花会有挺立傲雪的情致，和海鸥麋鹿在一起可以忘却一切心机。如果回到尘世中，那么任何事物都和我不再相关，即使这个身体也觉得多余。

三三三、兴逐时来鸟作伴　景与心会云相留

【原文】　兴逐时来，芳草中撒履闲行，野鸟妄机时作伴；景与心会，落花下披襟兀坐，白云无语漫相留。

【译文】　一时兴致来的时候，在草地上脱掉鞋漫步，野鸟也忘了被捕捉的危险飞到身旁来作伴；当景色与心灵互相融会时，在飘落的花朵下披着衣裳静静地沉思，白云也似乎无言地停留在头上不忍离去。

三三四、念头稍异　境界顿殊

【原文】　人生福境祸区，皆念想造成，故释氏云："利欲炽然即是火坑，贪爱沉溺便为苦海；一念清净烈焰成池，一念警觉航登彼岸。"念头稍异，境界顿殊，可不慎哉。

【译文】　人生幸福的境遇和祸患的局面，都是由于欲念所造成的，所以释迦牟尼说："对名利的欲望太过炽热，就会踏入火坑，过度沉沦在贪嗔爱恋里面就会掉入苦海；而一个清净的念头可使火坑便成水池，一个觉醒的念头可以脱离苦海到达彼岸。"念头稍微不同，那么所得到的境界就大不一样，不能够不谨慎啊。

龚贤《溪山无尽图》（部分）

三三五、绳锯木断须加力　水到渠成任天机

【原文】　绳锯木断，水滴石穿，学道者须加力索；水到渠成，瓜熟蒂落，得道者一任天机。

【译文】　用细绳可以锯断树木，水滴可以将石头滴出小洞，研学道义的人应该努力去探索；水流之处自然形成沟渠，瓜果熟透时自会落下，要想悟得真理的人需完全听任自然的契机。

三三六、机息不必苦海人世　心达何须痼疾丘山

【原文】　机息时，便有月到风来，不必苦海人世；心达处，自无车尘马迹，何须痼疾丘山。

【译文】　在内心的各种念头消失后，自然会感受到朗月清风缓缓而来，不会再将人生看成是苦海；心胸豁达时，自然不会有车马喧嚣的感觉，哪还需要找个僻静的山林？

三三七、草木零落露根底　时序凝寒回飞灰

【原文】　草木才零落，便露萌颖于根底；时序虽凝寒，终回阳气于飞灰；肃杀之中，生生之意常为之主；即是可以见天地之心。

【译文】　花草树木刚刚枯萎时，已经在根底露出新芽；季节虽是到了寒冬，终究会回到温暖和煦的飞花时节；在萧条肃杀的氛围中，却蕴含着主宰时势的无限生机；由此可见天地化育万物的本性。

三三八、雨余观山觉新妍　夜静听钟尤清越

【原文】　雨余观山色，景像便觉新妍；夜静听钟声，音响尤为清越。

【译文】　雨后观赏山峦秀色，就觉得景致非常清新美丽；在夜深人静时听见钟声，觉得声音特别清晰激越。

三三九、登高人心旷　临流人意远

【原文】　登高使人心旷，临流使人意远；读书于雨雪之夜，使人神清；

舒啸于丘阜之巅，使人兴迈。

【译文】 登上高处可以使人心旷神怡，面对激流可以使人意境深远；在雨雪之夜读书，会觉得思维非常清晰；在山丘顶上呐喊呼啸，会让人兴致豪迈。

三四〇、万钟示心旷　一发现心隘

【原文】 心旷，则万钟如瓦缶；心隘，则一发似车轮。

【译文】 心胸宽阔，就会将巨大的财富看成瓦罐一样不值钱；心胸狭隘，那么一根头发也会看得像车轮一样重要。

三四一、嗜欲莫非天机　尘情即是理境

【原文】 无风月花柳，不成造化；无情欲嗜好，不成心体。只以我转物，不以物役我，则嗜欲莫非天机，尘情即是理境矣。

【译文】 没有清风明月鲜花树木，就不成其为完美的大自然，没有喜怒哀乐好恶爱憎，就不成其为人的本心。只由我掌握万物，而不让万物来束缚我，那么这些欲念无不是自然的机趣；尘世的俗情也成为理想的境界。

三四二、就身了身付万物　还天于天出世间

【原文】 就一身了一身者，方能以万物付万物；还天下于天下者，方能出世间于世间。

【译文】 能够通过自身了悟自身的人，才能使万物顺其自然各尽其用；能够将天下交还给天下的人，才能从世间俗境中超脱出来。

三四三、抱身心之忧　耽风月之趣

【原文】　人生太闲，则别念窃生；太忙，则真性不现。故士君子不可不抱身心之忧，亦不可不耽风月之趣。

【译文】　人生如果过于闲逸，那么别的念头就会悄悄产生；人生太过忙碌，那么纯真的本性就不会显现。所以德行高尚的君子既不可以使自己身心过于疲倦，也不可不懂得吟风弄月的乐趣。

三四四、何地非真境　何物无真机

【原文】　人心多从动处失真，若一念不生，澄然静坐；云兴而悠然共逝，雨滴而冷然俱清；鸟啼而欣然有会，花落而潇然自得。何地非真境，何物无真机。

【译文】　人多在内心浮躁的时候失去自然的本性，如果能不产生一点杂念，心灵明澈地静坐，随着飘过的云朵一起消逝在天边，就着清冷的雨滴洗净心中的尘埃，从雀跃的鸟声中领会自然的奥妙，随落花缤纷潇洒自得；那么何处不是人间的仙境，何处不蕴含着自然的机趣？

三四五、顺逆一视　欣戚两忘

【原文】　子生而母危，镪积而盗窥，何喜非忧也；贫可以节用，病可以保身，何忧非喜也。故达人当顺逆一视，而欣戚两忘。

【译文】　孩子出生时母亲面临着生命危险，财富积累多了就会招致盗贼窥视，怎能说这是喜而不是忧呢；贫穷可以使人养成节俭的性格，患病可以使人注意养生，如何说这是忧虑不是喜事呢。所以通达的人应将顺境和逆境同样看待，将高兴和忧愁同时忘掉。

三四六、耳根投响是非是谢　心境浸色物我两忘

【原文】　耳根似飙谷投响，过而不留，则是非俱谢；心境如月池浸色，空而不著，则物我两忘。

【译文】　耳朵根子听东西就像狂风吹过山谷造成巨响，过后却什么也没有留下，那么人间的是是非非都会消失；内心的境界就像月光照映在水中，空空如也不着痕迹，那么就能做到物我两相忘记。

三四七、世亦不尘　海亦不苦

【原文】　世人为荣利缠缚，动曰："尘世苦海。"不知云白山青，川行石立，花迎鸟笑，谷答樵讴，世亦不尘，海亦不苦，彼自尘苦其心尔。

【译文】　世上的人因为被荣华富贵等名利所束缚，所以动不动就说："人世是一个苦海。"却不知道白云映照着青山，流水不断涧石林立，鲜花伴着鸟儿鸣唱，山谷应答着樵夫高歌，都是人间胜景，人世间并非是凡俗之地，人生也不都是苦海，那些说人生是苦海的人不过是自己落人凡俗和苦海罢了。

三四八、花半开有佳趣　花烂漫成恶境

【原文】　花看半开，酒饮微醉，此中大有佳趣。若至烂漫酕，便成恶境矣。履盈满者，宜思之。

【译文】　鲜花要在半开的时候欣赏最美，醇酒要饮到微醉时最妙，这里面有很深的趣味。如果等到鲜花盛开，酒喝得烂醉如泥时，那么已经是恶境了。那些志得意满的人，要仔细考虑这个道理。

三四九、不为点染　臭味迥然

【原文】　山肴不受世间灌溉，野禽不受世间豢养，其味皆香而且冽，吾人能不为世法所点染，其臭味不迥然别乎！

【译文】　山林间的蔬菜野果不必接受人工的灌溉施肥，野生的禽兽没有接受人工饲养和照顾，可是它们的味道却清香美妙，我们如果不被尘世间的功名利禄所污染，那么其气质不就和别人有很大的不同吗？

三五〇、栽花种竹皆自得　玩鹤观鱼有佳趣

【原文】　栽花种竹，玩鹤观鱼，亦要有段自得处。若徒留连光景，玩弄物华，亦吾儒之口耳，释氏之顽空而已，有何佳趣？

【译文】　种植花草竹木，饲鹤养鱼，都要有一种自得其乐的心理感受。如果只是迷恋在眼前的景致，玩赏表面的景色，也只是儒家所说的口耳学问，佛家所说的冥顽不灵，有什么乐趣可言呢？

三五一、失身市井驵侩　不若转死沟壑

【原文】　山林之士，清苦而逸趣自饶；农野之人，鄙略而天真浑具。若一失身市井驵侩，不若转死沟壑神骨犹清。

【译文】　隐居在山林中的达士，生活虽然清苦却享受着闲逸自得的雅趣；乡间田野的农夫，为人虽然粗鲁鄙俗却具备纯朴自然的本性。如果是在市井中污染自己的清名，还不如死在荒野山谷中保全精神肉体的清白。

三五二、着眼不高　心入机阱

【原文】　非分之福，无故之获，非造物之钓耳，即人世之机阱。此处着眼不高，鲜不堕彼术中矣。

【译文】　不是自己分内的福气，及无缘无故的收获，如果这两者不是上天有意安排的钓饵，就是人们故意布下的陷阱。在这种时候没有远大的目光，很少有人能不落人这些圈套中的。

三五三、根蒂在手　行止在我

【原文】　人生原是一傀儡，只要根蒂在手，一线不乱，卷舒自由，行止在我，一毫不受他人提掇，便超出此场中矣！

【译文】　人生本来就像一场木偶戏，只要我自己掌握了牵动木偶的线索，任何丝线也不紊乱，收放自由，行动或停止由自己掌握，一点都不受他人的牵制和左右，那么就算是跳出这个游戏场中了。

戴熙《忆松图》

三五四、劝君莫话封侯事　一将成名万骨枯

【原文】　一事起则一害生，故天下常以无事为福。读前人诗云"劝君

莫话封侯事。一将功成万骨枯"。又云"天下常令万事平，匣中不惜千年死"。虽有雄心猛气，不沉觉化为冰霰矣。

【译文】 只要有一件事情发生就会有一种弊病跟着出现，所以天下的人都把不发生什么事情当作福分。读到前人的诗句中有："奉劝大家不要再谈授官封爵的事，一个将军的功勋需要千万士兵的牺牲才能换来。"又说"天下如果能常保太平，就是把宝剑放在匣中一千年也在所不惜"。读了这样的诗句，即使怀抱雄心壮志，也都不自觉地像冰雪消融一样化为乌有。

三五五、淫妇矫而为尼　热人激而入道

【原文】 淫奔之妇矫而为尼，热中之人激而入道，清净之门，常为淫邪之渊薮也如此。

【译文】 不守节操的荡妇往往违背意愿削发为尼，热衷于名利的人因为意气用事而出家，那么本应清静的佛门道观，却往往成为藏污纳垢的地方。

三五六、身在事中　心超事外

【原文】 波浪兼天，舟中不知惧，而舟外者寒心；猖狂骂坐，席上不知警，而席外者咋舌，故君子身虽在事中，心要超事外也。

【译文】 波涛滚滚巨浪滔天，坐在船上的人不知道害怕，而在船外的人却感到十分恐惧；席间有人猖狂谩骂，席中的人不知道警惕，而席外的人却感到震惊，所以有德行的君子即使身陷事情之中，也要将心灵超然于事情之外才能保持清醒。

三五七、减省一分　超脱一分

【原文】 人生减省一分，便超脱一分，如交游减，便免纷扰；言语减，便寡衍尤；思虑减，则精神不耗；聪明减，则混沌可完。彼不求日减而求日增者，真桎梏此生哉！

【译文】　人生能减少一分事，就能够超脱一分俗世，如减少交际应酬，就能免除不少纷扰；能减少一些言语，就能减少很多过失和责难；减少一些操心着急，那么就少耗些精神；减少一些小聪明，就能保持纯朴自然的本性。那些不求每天减少却希望增加的人，真是束缚自己的生命。

三五八、满腔皆和气　随地有春风

【原文】　天运之寒暑易避，人生之有炎凉难除，人世之炎凉易除，吾心之冰炭难去。去得此中之冰炭，则满腔皆和气，自随地有春风矣。

【译文】　天地运行所形成的寒冷和暑热容易避免，人世间的人情冷暖却难以消除，人世间的世态炎凉容易消除，而我们心中水火不容的杂念难以消除。如果能够去除心中的冰寒之感，那么就会满腔充满祥和之气，随时随地都会有春风扑面的感觉。

三五九、素琴天弦超羲皇　短笛无腔侔嵇阮

【原文】　茶不求精而壶也不燥，酒不求冽而樽亦不空；素琴无弦而常调，短笛无腔而自适；纵难超越羲皇，亦可匹侔嵇阮。

【译文】　茶叶不要求最讲究，只要茶壶不干就可；酒不要求最醇美，只要酒杯不空即可；无弦之琴却能调出令身心愉悦的乐章，短笛不讲音调却能使我心情舒畅；纵然比不上伏羲那样的朴实淡泊，也可以和嵇康阮籍的飘逸洒脱相比。

三六〇、一念求全万绪起　随遇而安无不得

【原文】　释氏随缘，吾儒素位，四字是渡海的浮囊。盖世路茫茫，一

念求全，则万绪纷起；随遇而安，则无入不得矣。

【译文】　佛家讲求顺应因缘顺应自然，而儒家讲究守本分，"随缘素位"四个字是渡过人生苦海的宝船。大概因为人生路茫茫，一产生求完美的想法，那么各种纷乱的头绪就会不断；能够安然面对所遇到的事物，无论在哪里都可以怡然自得。

第二篇　修身卷

咀嚼菜根

玩人丧德　玩物丧志

【原文】　玩人丧德，玩物丧志。志以道宁，言以道接。不作无益害有益，功乃咸。

【译文】　玩弄人而自娱之人，一定会丧失德性；贪物而自娱之人，一定会丧失志气。人的思想应与道德相一致，人的言论应与道德相符合。不作无益的事情妨害有益的事情，事业才能成功。

文质彬彬　然后君子

【原文】　子曰："质胜文则野，文胜质则史。文质彬彬，然后君子。"

【译文】　孔子说："朴实多于文采，就未免粗野；文采多于朴实，又失之虚浮。文采和朴实，配合适当，这才是君子。"

德之不修　是吾忧也

【原文】　子曰："德之不修，学之不讲，闻义不能徒，不善不能改，是吾忧也。"

【译文】　孔子说："品德不培养，学问不研究，听到了正义的道理，却不能马上实行；身上的缺点也不能改正，这些都是我所忧虑的。”

见利思义　可以成人

【原文】　子路问成人。子曰：“若臧武仲之知，公绰之不欲，卞庄子之勇，冉求之艺，文之以礼乐，亦可以为成人矣。”曰：“今之成人者何必然？见利思义，见危授命，久要不忘平生之言，亦可以为成人矣。”

【译文】　子路问怎样才能成为完人，孔子说：“像臧武仲那样聪明，像孟公绰那样清廉，像卞庄子那样勇敢，像冉求那样多才多艺，再用礼乐加以修饰，也就可以成为完人了。”孔子又说：“现在的完人何必非要这样呢？见到财利而想到道义，遇到危险敢于献出生命，长期处于贫困而不忘记平生的誓言，也可以成为完人了。”

欲明明德　只在格物

【原文】　古之欲明明德于天下者，先治其国。欲治其国者，先齐其家。欲齐其家者，先修其身，欲修其身者，先正其心。欲正其心者，先诚其意。欲诚其意者，先致其知。致知在格物。

【译文】　古代那些想使美德显明于天下的人，首先要治理好他的国家；想使国家得到治理的人，首先要治理好他的家庭；想使家庭得到治理的人，首先要提高自身的品德修养；想使自身品德修养得到提高的人，首先要做到心地纯正；想使心地纯正的人，首先要做到意念诚实；想使意念诚实，就首先要获得一定的知识，而获取知识的方法，在于研讨事物的规律。

修身修心　心正身正

【原文】　所谓修身在正其心者：身有所忿懥，则不得其正；有所恐惧，则不得其正；有所好乐，则不得其正；有所忧患，则不得其正。心不正焉，视而不见，听而不闻，食而不知其味。此谓修身在正其心。

【译文】 所谓修身，就在于端正意念，如果内心有所怨恨和不满，意念就无法得到端正；有所恐惧，意念也不能得到端正；有所偏好和贪图，意念也不能得到端正；有所忧虑，意念也不能得到端正。思想不集中，看到了却像没有看见，听到了却像没有听见，吃东西却不知滋味。这就是说修身最重要的是端正意念。

君子慎德　德乃本也

【原文】 君子先慎乎德。……德者，本也。

【译文】 君子首先要在品德上谨慎从事。……品德才是根本。

君子之道　淡而不淡

【原文】 《诗》曰："衣锦尚䌹"，恶其文之著也。故君子之道，暗然而日章；小人之道，的然而日亡。君子之道：淡而不厌，简而文，温而理，知远之近，知风之自，知微之显，可与入德矣。

【译文】 《诗经》上说："穿着华美的绸衣，外面罩上一件布衣。"这是不喜欢绸衣的文彩太耀眼。所以君子之道开始是深藏于内，然后才一天天地显露出来；小人之道是有意地张扬外露，所以很快就烟消云散。君子之道，看起来似乎清淡，却不惹人生厌，外表质朴，但内藏华美，外表温厚但内有条理，知道远是从近开始，知道感化他人先从自己做起，知道细微的问题会影响到大的变化，能够掌握以上这些道理，就可以说进入了德行修养的大门。

宽而不僈　是谓之文

【原文】　君子宽而不僈，廉而不刿，辨而不争，察而不激，直立而不胜，坚强而不暴，柔从而不流，恭敬谨慎而容。夫是谓之文。

【译文】　君子性情宽松而不怠慢，言语犀利而不刺伤别人，好辩是非而不争吵，明察秋毫而不激切，品行正直而不盛气凌人，性格坚强而不暴虐，柔和听从而不随波逐流，恭敬谨慎而且大度宽容。这可以说是德行完美了。

以义变应　知当曲直

【原文】　君子崇人之德，扬人之美，非谄谀也；正义直指，举人之过，非毁疵也……与时屈伸，柔从若蒲苇，非慑怯也；刚强猛毅，靡所不信，非骄暴也。以义变应，知当曲直故也。

法若真《树梢飞泉图》

【译文】　君子尊崇别人的美德，赞扬别人的好处，而不是阿谀奉承。公正无私的评论，坦率地指明别人的过失，而不是诽谤。……顺应时代潮流，像蒲苇草一样柔顺听从，而不是怯懦；刚强勇猛有毅力，正直不屈，而不骄傲和横暴。这是以正义应付时变，知道当屈便屈，当直便直的缘故。

知修身者　知治天下

【原文】　"好学近乎知，力行近乎仁，知耻近乎勇。知斯三者，则知所以修身。知所以修身，则知所以治人。知所以治人，则知所以治天下国家矣。"

【译文】 肯于学习的人有可能成为智者，躬身实践的人有可能成为仁者，懂得羞耻的人有可能成为勇者。知道为人要好学、力行和知耻，就懂得如何去加强自身修养。知道自身修养的重要，才知道如何去治理国家。

读书切实　养德养身

【原文】 读书为学，须是切实。切实者，切己也，养德养身是也。养己之身，推之可以养人之身；养己之德，推之可以养人之德。"壹是皆以修身为本"，养德以是，养身亦以是。舍是，虚费光阴，徒劳心力。

【译文】 读书做学问，必须要切合实际。切合实际，就是切合自己。修养道德培养自己就是切合自己。修养自身，推而广之，就可以修养他人；培养自身的道德，推而广之，就可以培养他人的道德。"所有这些都是以修养自身为根本"，修养道德是用这来修养，修养身体也是用这来修养。舍弃这个方法，就是白白浪费时间，白白劳累思想和精力。

凡人有恒　学者用心

【原文】 凡人常心不可失，常度不可改。语称有恒，书言常德，吉士诗美，其仪一兮，心如结兮，无非是也。自所执之业，以及衣冠言动，内外大小，有恒无恒，罔不一辙，总以存心为主。学者用心，苟能始终若一，则执业自是有成，立身自是不苟。若朝暮易趋，岁月变虑，鲜不为小人之归者。

【译文】 一个人的恒心不可以丧失，一个人的常态不可以改变。《论语》说，要有恒心。《尚书》讲，要有始终不变的品德。男子的诗歌美好，他的仪表如一，用心公正；他一片诚心，无比坚定。没有什么时候不是这样。自己所做的事业，以及衣服、帽子、言语、行动，内外大小事情，有恒心没有恒心，从来没有不一样的，总是以把它存放在心中为主。立志求学的人，如果能始终如一，那么，他所从事的事业自然会有成就，他立身处世自然不会苟且。如果一天的早晚之间就改变自己的志向。年月之间就改变自己所考虑的问题，最终是很少会有不成为小人的。

德器浅薄　终罕成就

【原文】　学者先观其德器。德器浅薄，终罕成就，虽成亦小。诸如易喜易怒、不堪拂逆、疾恶太深，进锐退速之类，皆由于浅。如露才扬己、一得自矜、责人太重、悻悻自好之类，皆由于薄。

【译文】　对有学问的人要首先观察他的品德和才具。品德、才具浅薄的，最后很少能有成就，即使有成就也是很小的。比如容易高兴也容易发怒，不能忍受反对意见，痛恨丑恶的东西太过分，进得快退得也快之类，都是由于浅薄。又如显露才能来宣扬自己，小有成就而且命不凡，要求别人太严厉，自己容易恼怒之类，都是由于浅薄所致。

不居其薄　不居其华

【原文】　"大丈夫处其厚，不居其薄；处其实，不居其华。"

【译文】　大丈夫，为有志气、有品德、有作为的男子的美称。大丈夫为人处世，憨厚务实，说到做到，不该轻薄虚假，表里不一。

恭不侮人　俭不夺人

【原文】　"恭者不侮人，俭者不夺人。"

【译文】　讲礼貌的人，不会欺侮他人；讲节俭的人，不会侵夺他人。

日参省己　知明无过

【原文】 "君子博学而日参省乎已，则知明而行无过矣。"

【译文】 君子学识渊博，还能够每天三次反省自己，那么，他既懂得事理，而在行为上也不会有过错。

善言暖身　恶言伤心

【原文】 "与人善言，暖于布帛；伤人以言，深于矛戟。"

【译文】 好言好语去劝说他人，使人感到比布帛还温暖；恶言恶语去伤害他人，比用矛用戟去刺人还糟糕。

君子人与　君子人也

【原文】 怠惰之容不设于身，淫肆之言不出于口，放肆之念不生于心，君子人与，君子人也。

【译文】 怠慢懒惰的精神面貌不在身上表现出来，淫秽和放肆的言词不在口中说出来，狂妄邪恶的念头不在头脑中产生，可以算作有道德的人吗？这就是有道德的人了。

怨生于爱　物过成灾

【原文】 怨无大小，生于所爱；物无美恶，过则成灾。

【译文】 怨仇不管大小，都是由于贪恋才产生的；事物本来并无好坏之分，假若对其嗜好过度，就成了祸害。

忧劳兴国　逸豫亡身

【原文】　忧劳可以兴国，逸豫可以亡身。

【译文】　忧患劳苦，可以使国家兴盛；一味贪图安逸享乐，就可以葬送自身。

放荡败功　满盈身灾

【原文】　放荡功不遂，满盈身必灾。

【译文】　放纵不受拘束，事业就不会成功；骄傲到极点，灾祸就要随身而来。

卞文瑜《一梧轩图》

不节损福　不止杀身

【原文】　饱肥甘，衣轻暖，不知节者损福；广积聚，骄富贵，不知止者杀身。

【译文】　饱食最美味的食品，穿着最舒服和暖的衣裳，不知道节制的一定会损害福气；挖空心思地积攒财物，以富贵为骄傲，不知道收敛的一定会招致杀身之祸。

安于宴者　众恶之门

【原文】　宴安者，众恶之门。

【译文】　安逸享乐是各种罪恶产生的途径。

有欲不刚　刚不屈欲

【原文】　有欲则不刚，刚者不屈于欲。

【译文】　有物欲就不会刚直，刚直之人不会在物欲下面屈服。

持身以礼　奉上以忠

【原文】　廉于财，节于色，疏于酒，持身以礼，奉上以忠，忧乐与士卒同。

【译文】　在财钱面前能保持廉洁，在女色面前能有节制，对酒食能疏而远之，用礼义来修养自身，以忠诚来侍奉君主，忧愁和欢乐与官兵相同。

贪欲速祸　多求丧身

【原文】　君子多欲则贪慕富贵，枉道速祸；小人多欲则多求妄用，败家丧身。

【译文】　君子嗜欲过多就会贪慕富贵，不行正道，招致灾祸；小人嗜欲过多就会有过分的要求和过度的花费，导致身死家败。

富贵惑心　宴安损性

【原文】　富贵使心惑，嗜欲致行妨，宴安损性灵，美疢生膏肓。

【译文】　追求富贵会使人心中迷惑，贪图享受会使人正确的行为受到阻碍，沉溺于逸乐会使人精神受到损伤，以恶为好最终使人病人膏肓，不可救药。

燕安溺人　身溺可济

【原文】　燕安溺人，甚于洪波。身溺可济，心溺奈何。

【译文】　安闲舒适的生活给人造成了祸害，比大水还厉害。人的身体被水淹没了，还可以帮助他；人的意志沉溺在享乐中就没有办法了。

贪欲恶本　寡欲善基

【原文】　贪欲者，众恶之本；寡欲者，众善之基。

【译文】　贪得无厌，这是一切罪恶的本源；少所企求，这是一切善事的根基。

嗜弄于人　惧倾天下

【原文】　舜禹之有天下也，恶衣菲食，不敢自恣，岂所嗜之异于人哉？惧其不平以倾天下也。

【译文】　虞舜和夏禹在拥有天下的时候，身穿粗劣的衣服，口食简单的饭菜，从来不敢放纵自己，难道是他们的嗜欲跟其他人不一样吗？不是，他们害怕由于自己享乐而造成的社会不平等使天下倾危。

截善谝言　我皇有之

【原文】　惟截截善谝言，俾君子易辞，我皇多有之。

【译文】　那缺乏深谋远虑的、浅薄的花言巧语使君主轻忽怠惰，招致失败，这样的人我怎能随便地亲近他们呢？

无信谗言　谗言乱国

【原文】　恺悌君子，无信谗言。谗言罔极，交乱四国。

【译文】　快乐平和的国君，不要听那奸臣的胡言。谗言得不到制止，定会把同邻国的关系搞坏。

听谄则败　谋臣枉死

【原文】　人君唯毋听谄谀饰过之言，则败。奚以知其然也？夫谄臣者，常使其主不悔其过不更其失者也，故主惑而不自知也，如是则谋臣死而谄臣尊矣。

【译文】　人君只要听信阿谀奉承、文过饰非的言论，就会导致失败。怎么知道是这样呢？谄媚之臣常常使君主不知悔过又不知改过的，所以君主受迷惑而自己觉察不到，这样就导致忠臣谋士被排斥而死，而谄媚之臣却高升了。

毋访于佞　毋蓄于谄

【原文】　毋访于佞，毋蓄于谄，毋育于凶，毋监于谗。

【译文】　不要询访求教于奸佞之人，不要保护谄媚的行为，不要培植凶恶行为，不可听信谗言。

绝疑去谗　塞朋党门

【原文】　明主绝疑去谗，摒流言之迹，塞朋党之门。

【译文】　英明的君主杜绝猜忌消除谗言，排除流言蜚语的迹象，堵塞结党营私的途径。

去谗远色　贱货贵德

石谿《层岩叠壑图》（局部）

【原文】　去谗远色，贱货而贵德，所以劝贤也。

【译文】　摒弃那些谗佞小人的坏话，远离那诱人的女色，轻视钱财货物，珍视道德品质，这才是勉励贤人的最好方法。

不贿权势　不利辟辞

【原文】　不贿贵者之权势，不利便辟者之辞。

【译文】　不用财物去买通富贵者的权势，不喜爱身边的人讨好的言辞。

君子所渐　不可不慎

【原文】　正君渐于香酒，可谄而得也。君子之所渐不可不慎也。

【译文】　就像美酒的熏陶可以醉人一样，正派的君子被周围美好动听的谄言所熏染，也可以使君主改变思想。所以君子对周围环境的浸染不可不持谨慎的态度。

人主听谀　是愚惑也

【原文】　谏者福也，谀者贼也，人主听谀，是愚惑也。

【译文】　有谏诤过失的，是国家之福；阿谀奉承的，是国家之害。君主听信谄媚之辞，那就是愚蠢糊涂。

君德诚施　谗嬖皆清

【原文】　诸众谗嬖臣，君德诚施皆清矣。

【译文】　那些谄媚受宠的臣子，只要君主的德行真正施行，他们自然就可以清除了。

君好所誉　非贤为贤

【原文】　君好听誉而不恶谗也，以非贤为贤，以非善为善，以非忠为忠，以非信为信。

【译文】　君主爱好听赞美的话而不厌恶谗言，就会把不好的人当作贤人，把坏人当作好人，把奸臣当作忠臣，把不守信义的当作诚实的人。

杖蔗必折　用巧必灭

【原文】　都蔗虽甘，杖之必折；巧言虽美，用之必灭。

【译文】　甘蔗虽然甜，但用它作手杖，一定会折断；花言巧语听起来虽然漂亮，但用起来必遭失败。

物腐虫生　人疑谗入

【原文】　物必先腐也，而后虫生之；人必发疑也，而后谗入之。

【译文】　东西一定是自己先腐烂，蛀虫才能生出来。人一定是先产生疑心，以后谗言才能听进去。

邪之惑人　不可不畏

【原文】　宇文士及之佞，太宗灼见其情而不能斥，李林甫妒贤嫉能，明皇洞见其奸而不能退。邪之惑人，有如此者，不可畏哉！

【译文】　宇文士及这个佞臣，唐太宗已明显看到他的隐情但不能罢黜；李林甫妒贤嫉能，唐玄宗已洞察到了他的奸诈但不能斥退。邪佞迷惑人的力量竟有这样大，能不使人害怕吗？

君骄臣谄　邦之由丧

【原文】　君骄臣谄，此邦之所由丧也。

【译文】　君主任性自大，臣下阿谀奉承，这就是国家之所以灭亡的原因啊！

戒逸进喜　厌谀纳忠

【原文】　不耽逸豫，天下无不可进之善；不喜谀悦，天下无不可纳之忠。

【译文】　不沉溺于安逸享乐，天下就没有不可以采纳的善言；不喜欢阿谀取悦行为，天下就没有不可容纳的忠诚。

丧乱从生　阶于夸毗

【原文】　丧乱之所从生，岂不阶于夸毗之辈乎？

【译文】　国家衰亡动乱的产生，难道不是起始于那些花言巧语阿谀奉承的小人吗？

见善则迁　有过则改

【原文】　见善则迁，有过则改。

【译文】　看见人家有好的品行就去学习，自己有了过失就改正。

大节小节　皆是为上

【原文】　大节是也，小节是也，上君也。大节是也，小节一出焉，一入焉，中君也。大节非也，小节虽是也，吾无观其余矣。

【译文】　大节做得对，小节也做得对，这是上等的君主。大节做得对，而小节有的做得对，有的不对，这是中等的君主；大节做得不对，即使小节做得对，我不用看其余的了。

自责责人　易为行苟

【原文】　自责以人则易为，易为则行苟。

【译文】　按照一般人的标准要求自己是容易做到的，容易做到就会放松对自己的要求而行为苟且。意思是要求自己要严格。

宽栗柔立　刚实强义

【原文】　宽而栗，柔而立，愿而共，治而敬，扰而毅，直而温，简而廉，刚而实，强而义。

【译文】　宽大而严肃，柔和而又有主见，诚实而又恭敬，有治理的才能而又谨慎，驯服而又果敢，正直而又温和，简约而又廉洁，刚健而又笃实，

宋人《海棠蛱蝶图》

敢作敢为而又合乎义理。

德之不崇　君子之患

【原文】　君子不患位之不尊，而患德之不崇；不耻禄之不伙，而耻智之不博。

【译文】　君子不担心自己的地位不尊贵，而担心自己的德行不高尚；不以自己的待遇不高为耻辱，而以自己智慧不渊博感到羞耻。

智以折敌　仁以附众

【原文】　智以折敌，仁以附众，敬以招贤，信以必赏，勇以益气，严以一令。

【译文】　智慧用以挫败敌人，仁慈用以团结部众，恭敬用以招纳贤人，诚信用以实行赏罚，勇敢用以增长士气，严厉用以统一号令。

察身不诬　奉法不私

【原文】　察身而不敢诬，奉法令不容私，尽心力不敢矜，遭患难不避死，见贤不居其上，受禄不过其量，不以亡能居尊显之位。

【译文】　省察自身的才能，不敢夸大以欺骗上级，奉公守法不容许私心存在，尽心尽力不敢骄傲自满，遭遇祸患不敢逃避死亡，见到贤明的人不敢位居其上，接受俸禄不敢超过规定的数量，不以无能的条件处于受尊敬的显要地位。

患至呼天　不亦晚乎

【原文】　身不善而怨他人，不亦远乎？患至而一呼天，不亦晚乎？

【译文】　自己不好而出现错误，去埋怨别人，这样找原因不是太远了吗？祸患发生了，才无可奈何地呼天喊地，这种悔恨不是太迟了吗？

贵而不骄　危而不惧

【原文】　贵之而不骄，委之而不专，扶之而不隐，危之而不惧。

【译文】　地位显赫却不骄傲，担当重任却不专断，有人辅助仍能发挥自己的才能，遇到危难能毫不畏惧。

不守其度　有祸攻之

【原文】　居处不守其度则奇文诡制攻之，视听不守其度则奸声艳色攻之，喜怒不守其度则僭赏淫刑攻之，玩好不守其度则妨行之货、荡心之器攻之，献纳不守其度则谗谄之言、聚敛之计攻之。

【译文】　在自己的地位职务方面不遵守正确的准则，奇谈怪论和诡异的制度就会来侵蚀你；在看和听方面不遵守正确的准则，奸人之言美女之色就会来侵蚀你；在喜怒方面不遵守正确的准则，滥施刑赏的事情就会来影响你；在玩赏和嗜好方面不遵守正确的准则，妨碍德行、动摇思想的器物就会来影响你；在向上奉献和对下接纳方面不遵守正确的准则，诡计谗言和巧取豪夺的手段就会来侵蚀你。

法上得中　法中为下

【原文】　取法于上，仅得其中；取法于中，故为其下。

【译文】　以上等为准则，只能学到中等水平；以中等为准则，就只能做到下等水平。

责己重用　待人轻约

【原文】　古之君子，其责己也重以周，其待人也轻以约。

【译文】　古代的君子，他要求自己严格而全面，对待别人宽容而简要。

见可欲者　则思知足

【原文】　见可欲，则思知足以自戒；将有作，则思知止以安人，念高危，则思谦冲以自牧；惧满盈，则思江海下百川；乐盘游，则思三驱以为度；忧懈怠，则思慎始而敬终，虑壅蔽，则思虚心以纳下；惧谗邪，则思正身以黜恶；恩所加，则思无因喜以谬赏；罚所及，则思无因怒而滥刑。

【译文】　见到合意的东西，就想到要知道满足，以此警戒自己；将要兴建什么，就想到要适可而止，使人民安定；顾念地位崇高、危险，就想到谦虚，加强自己的修养；害怕自满，就想到要像江海一样，处在河流的下游；喜好游乐，就想到"三驱"的规定，以法为度；担心松懈，就想到开始谨慎，结束时更要严肃对待；怕受蒙蔽，就想到虚心采纳臣下的意见；担心听信谗言接触坏人，就想到要端正自己，斥退小人；施恩给人，就想到不要因一时高兴，错误地赏赐；要惩罚人，就想到不要因为发怒，滥施刑罚。

尽己不尤　求身不责

【原文】　古之哲王，尽己而不以尤人，求身而不以责下。

【译文】　古代贤明的君王，都是自己尽到最大努力但不以这个条件来指责别人，严格要求自己但不以同样标准要求部下。

思劳受益　自满招损

【原文】　去易进之人，贱难得之货，采尧、舜之诽谤，追汤、禹之罪己，惜十家之产，顺百姓之心。近取诸身，恕以待物，思劳谦以受益，不自满以招损。

【译文】　斥退投机取巧之人，卑视难得之物，像唐尧、虞舜那样鼓励臣民进谏，效仿夏禹、商汤那样凡事归罪于己，爱惜点滴财物，顺合百姓之心；严以责己，宽以待人，坚持励精图治以求受益，谨防骄傲自满以免招损。

审己所余　强其不足

【原文】　治性之道，必审己之所有余而强其所不足。

【译文】　锻炼提高素质的途径，必须对自己的长处保持谦虚谨慎，从而致力了弥补自己的短处。

责人不己　誉己勿人

【原文】　无责人以如己，无誉己以如人。

【译文】 不要像责求自己一样责求别人，不要像赞扬别人那样赞扬自己。意谓责己要严，责人要宽。

见人之过　得己之过

【原文】 见人之过，得己之过。

【译文】 看到别人的过失，也就得知了自己的过失。意谓要善于反躬自省，从别人的过失中总结经验教训。

君子反躬　小人盖非

【原文】 从人反躬者，鲜不为君子；任己盖非者，鲜不为小人。

【译文】 能向别人学习并严格检查和要求自己的人，极少不成为君子；一切由着自己，有了错误总要尽力掩饰的人，极少不成为小人。

过及十一　祸倍百千

【原文】 明哲之君，无所为恃，必责于己，知天子于民庶，过及十一，祸倍百千。

【译文】 聪慧明达的君主，不依仗别的什么，一定严格要求自己，他深知皇帝如果发生十分之一的失误，对于老百姓来说，就要发生千百倍严重的恶果。

守己以严　待物以正

【原文】 守己严，待物以正。

【译文】 对自己约束要严，对待外人外物要公正。

持己修业 人心自顺

【原文】 持己自正，修其业而
人心自顺。

【译文】 控制自己，自觉端正自己，致力于整治大业，人心自然就顺畅了。

林椿《果熟来禽图》

赌博贱行 沉溺终身

【原文】 晋陶侃曰："樗蒲者，牧猪奴戏耳"。今之士大夫乃有好赌博者，何也？赌博贱行，一经失足，无不沉溺终身，廉耻尽丧，废时失事，破产亡家，皆由于此。舆夫、贱隶、间或偶为君子，犹将禁绝，奈何躬自蹈之。若夫开场窝赌，诓诱人财，此与杀越人于货无异。不幸同学有此，则必鸣鼓而攻，不可一日姑容，为所玷辱。倘一身自好赌博，则亦舆夫、贱隶、牧猪奴之俦，非吾徒也。此过不悛者，逐之。

【译文】 晋朝陶侃说："赌博的游戏，是放猪家奴的把戏"。现在的士大夫官员竟然有喜欢赌博的，这究竟是什么原因？赌博是下贱的行为，一旦失足掉进去，除了一生都深深陷入其中之外，而且没有了廉洁和耻辱，荒废了时间和事业。那些破灭了家庭和财产的人，都是因为赌博的原故。车夫、佣人及偶而为之的君子，还准备禁止和杜绝赌博，作为书院的同学怎么能亲自去走上赌场呢？开赌场聚众赌博，诱骗别人的钱财，这同杀人越货没有什么区别。如果同学中不幸有这种情况的，就必须大张旗鼓地加以声讨，决不可以苟且宽容一天，而使我们蒙受耻辱。倘若一生就是爱好赌博，那么，他也就是车夫、下贱奴仆、放猪家奴一类的人，而不是我的门徒学生了。有这种过失而不能悔改的人，要坚决赶走他。

风与火值　扇炎起凶

【原文】　燥万物者，莫�乎火；挠万物者，莫疾乎风。风与火值，扇炎起凶。

【译文】　在能够使自然万物干燥的东西中，莫过于火烤最厉害；在能够使万物动摇不定的东西中没有比风更快的了。有风有火，风助火势，就可能引起凶险的灾害。

君子养气　匹夫动气

【原文】　气动其心，说蹶亦趋，为风为大，如鞴鼓炉。养之则为君子，暴之则为匹夫。

【译文】　气可以扰乱人的心，也能使人跌倒，也能使人奔走；人如果不修身养性反而去损害它，对自身的危害就更大，这就像用皮囊向火炉鼓风，越鼓火势越旺。所以修身养性的人就是君子，脾气暴燥的则是匹夫。

一朝之忿　忘身忘亲

【原文】　一朝之忿，忘其身以及其亲，非惑欤？噫，可不忍欤！

【译文】　因一时的愤怒，就忘记了自身和他的亲属，这不是非常糊涂的吗？噫，为人做事怎能不学会沉住气呢？

独坐中堂　贼化家人

【原文】　耳目见闻为外贼，情欲意识为内贼。只是主人翁惺惺不昧，独坐中堂，贼便化为家人矣！

【译文】　每个人的眼睛都喜欢看美色，每个人的耳朵都喜欢听美音，所有这些声色都是属于外来的敌人；每个人都有容易冲动的感情，每个人都有永远无法满足的欲望，所有这些心理上的邪念都是内在的敌人。不管是内贼也好外贼也罢，只要身为主人翁的你自己保持灵魂的清醒，每天所做的事都循规蹈距不违背情理法，所有心理敌人都会变成你修养品德的助手。

收拾精神　并归一路

【原文】　学者要收拾精神并归一路；如修德而留意于事功名誉，必无实诣；读书而寄兴于吟咏风雅，定不深心。

【译文】　求取学问一定要排除杂念集中精神专心致志从事研究，如果读书不重视学术上的探讨，只是在吟咏诗词上下功夫，那定会显得很浮浅而没有什么心得。

登高为危　多言为躁

【原文】　居卑而后知登高之为危，处晦而后知向明之太霭；守静而后知好动之过劳，养默而后知多言之为躁。

【译文】　先站在低下处然后才知道攀高处的危险性，先待在阴凉处然后才知道过份光亮的地方会刺眼睛；先保持宁静心情然后才知道喜欢活动的人太辛苦，先保持沉默然后才知道话说多了很烦躁。

自矜易戒　求义勿远

【原文】　伐字从戈，矜字从矛，自伐自矜者，可为大戒；仁字从人，义（羲）字从我，讲人讲义者，不必远求。

【译文】　伐字的右边是"戈"，矜字的左边是"矛"，戈、矛都是兵器，有杀伤之意；从这两个字，自夸自大的人可以得到极大的警惕。仁字的左边是"人"，义字的下面是"我"，可见得要讲仁义，并不在远处，只要有人有我的地方，就可以实行。

辞辑民洽　辞怿民莫

【原文】　辞之辑矣，民之洽矣；辞之怿矣，民之莫矣。

【译文】　上官的言变和睦、友善，人民就团结、和谐；上官的言谈高兴、快乐，人民就平静、安定。

天爵人爵　宜得勿弃

【原文】　孟子曰："有天爵者，有人爵者。仁、义、忠、信、乐善不倦，此天爵也。公卿、大夫，此人爵也。古之人修其天爵，而人爵从之。今之人修其天爵以要人爵，既得人爵，而弃其天爵，则惑之甚者也，终亦必亡而已矣。"

【译文】　孟子说："有自然的爵位，也有社会的爵位。仁、义、忠、信、乐意行善而不厌倦，这些都是自然的爵位。公卿、大夫，这些都是社会的爵位。古代的人修养他的自然爵位，社会爵位也就随之而来。现在的人通过修养他的自然爵位来求取社会爵位，得到社会爵位后，便抛弃了他的自然爵位。这就太糊涂了，其结果必然是失去他所有的爵位。"

有德有人　有人有土

【原文】　君子先慎乎德。有德此有人，有人此有土。

【译文】　国君首先要在道德修养上谨慎从事，有道德的国君才能有人民，有人民才能有国土。

身修家齐　国治天泰

【原文】　身修而后家齐，家齐而后国治，国治而后天下平。

【译文】　只有提高了自身的品德修养，而后才能整治家庭；只有整治好了家庭，而后才能治理好国家；只有治理好国家，而后才能平定天下。

求长固本　思安积德

【原文】　求木之长者，必固其根本；欲流之远者，必浚其泉源；思国之安者，必积其德义。

【译文】　要想让树木长得高大，一定要把树根栽牢固；打算让水流到远处，一定要把源泉疏浚通畅；想使国家安定的人，一定要积累道德仁义。

有德称尊　无德沉沦

【原文】　人主所以称尊者，以其有德也，苟无其德，则何以异于万物乎？

【译文】　君主之所以称为至上至尊，是因为他有高尚的德行，倘若没有这样的德行，那么他与世上的万物还有什么区别呢？

不尤斯民　无责诸下

【原文】　善治国者，不尤斯民而罪诸己，无责诸下而求诸身。

【译文】　善于治理国家的人，不归咎于众人而问罪于自己，不苛责于下属而细求于自身。

廉士律贪　贤臣戒孱

【原文】　廉士可律贪夫，贤臣不能辅孱主。

【译文】　品行廉洁的官吏可以管束住有贪污行为的人，贤良的忠臣却不能辅佐昏庸无能的君主来治理天下。

辽人《采药图》

君之任德　下不忍欺

【原文】　君任德，则下不忍欺；君任察，则下不能欺；君任刑，则下不敢欺。

【译文】　君主凭借高尚品德行事，那么臣下就不忍心欺骗他；君主凭借明察秋毫来行事，那么臣下就没法欺骗他；君主凭借法律来治国，那么臣下就不敢欺骗他。

君不倚德　皆为敌国

【原文】　在德不在险，若君不倚德，舟中之人皆敌国也。

【译文】　国家的安定在于执政者的德行而不在于山河的险要。如果君主不修养自己的德行，那么船上的人都是你的敌国了。

言动为法　赏罚合公

【原文】　以修身为本，一言一动，举可以为天下之法，一赏一罚，举可以合天下之公，则亿兆之心将不求而自得。

【译文】　君主把修养自己的品德当作根本，一言一行，全都可以做天下的楷模；一赏一罚，全都合乎天下的公理，那么天下成千上万的百姓的心都会不求自得。

一失其身　不得自救

【原文】　一失其身，虽有扶危定倾之雅志，不得自救其陷溺。

【译文】　一旦陷身于骄奢淫逸之中，即使有拯救社稷、匡扶危难的高尚志向也是枉然，因为自己都不能把自己从陷溺之中救出来更何况救国呢。

正己齐家　心忧社稷

【原文】　正己齐家而忧社稷，贤臣进，庶务理。

【译文】　端正自身，整治家庭，为国家操劳，这样贤臣就会涌现，政务就得到很好治理。

小人不善　君子慎独

【原文】　所谓诚其意者，毋自欺也，如恶恶臭，如好好色。此之谓自谦。故君子必慎其独也。小人闲居为不善，无所不至，见君子而后厌然，掩其不善而著其善。人之视己，如见其肺肝然，则何益矣？此谓诚于中，形于外。故君子必慎其独也。

【译文】　经文中所谓使意念诚实，是说自己不要欺骗自己，做人要像厌恶不好闻的气味和爱好美色那样真切自然，这样才算得上是真实无欺。因此君子一人独处时，一定要谨慎小心。小人则恰恰相反，一人独处时，专干坏事，等到他看见君子时，才掩藏他的丑行，故意张扬他的美德。但不知别人已经清楚明白地看清了他的满肚子坏水，他那种伪善的做法，又有什么益处呢？这就是说，虽然真实的想法藏在心中，但总要在外表流露，因此君子一人独处时，一定要小心谨慎。

意诚心正　身亦自修

【原文】　工夫难处，全在格物致知上，此即诚意之事。意即诚，大段心亦自正，身亦自修。

【译文】　道德修养工夫的难处，在于穷究事物的原理法则而总结为理性的知识，这就要做到使意念诚实无欺。意诚了，思想也就完全端正，个人的品德也会得到修养。

志不可及　功不可及

【原文】　有不可及之志，必有不可及之功；有不忍言之心，必有不忍言之祸。

【译文】　一个人有旁人所不能及的志向，就能建立旁人所不能及的功业。对别人发现错误而不忍心去指正，那么必然会因为不忍心去说而造成祸害。

犯苟不振　犯俗不医

【原文】　人犯一苟字，便不能振，人犯一俗字，便不可医。
【译文】　人只要有了随便的毛病，这个人便无法振作了。一个人的心性只要流于俗气，就是医术也救不了了。

志量远大　宝贵不淫

【原文】　意趣清高，利禄不能动也；志量远大，宝贵不能淫也。
【译文】　心意志趣清雅高尚的人，金钱是无法变易其心志的。心志胸怀广阔高远的人，即使身在宝贵也不会迷乱心志而陷溺其中。

欲学古人　当坚苦志

【原文】　要做男子，须负刚肠；欲学古人，当坚苦志。
【译文】　要做个真正的男子汉，必须有一副刚毅不阿的心肠。想要学习古人的风操，应当坚定吃苦耐劳的志向。

耻恶衣食　未足与议

【原文】　予曰："士志于道，而耻恶衣恶食者，未足与议也。"
【译文】　孔子说："读书人立志于真理的求索，但又以自己穿粗布衣吃粗粮饭为耻辱，这种人是不值得同他谈论'道'的。"

立志于道　据以于德

【原文】　子曰："志于道，据于德，依于仁，游于艺。"

【译文】　孔子说："立志于道，根据在德，依靠仁，游憩于六艺之中。"

将帅可夺　志不可夺

【原文】　子曰："三军可夺帅也，匹夫不可夺志也。"

【译文】　孔子说："一国军队的将帅是可以强取的，一个男子汉的志向却不能强迫他改变或放弃。"

三十而立　四十不惑

【原文】　子曰："吾十有五而志于学，三十而立，四十而不惑，五十而知天命，六十而耳顺，七十而从心所欲，不逾矩。"

【译文】　孔子说："我十五岁有志于学习，三十岁说话做事便都能够符合礼仪，四十岁便掌握了各种知识而不致迷惑了，五十岁懂得了天命，六十岁一听到别人说的话，便可分辨真假，判断是非，七十岁便随心所欲一切想法都不会超越礼仪。"

老者安之　少者怀之

【原文】　颜渊、季路侍。子曰："盍各言尔志？"
子路曰："愿车马衣轻裘与朋友共，敝之而无憾。"

颜渊曰："愿无伐善，无施劳。"

子路曰："愿闻子之志。"

子曰："老者安之，朋友信之，少者怀之。"

【译文】 颜渊、子路侍立在孔子坐旁。孔子说："何不各人说说自己的志向？"

子路说："我愿把我的车马、裘衣和朋友共同使用，就是用坏了也没有什么怨恨。"

颜渊说："我愿不夸耀自己的长处，不表白自己的功劳。"

子路向孔子说："希望听听您的志向。"

孔子说："我的志向是，让老有所养而使之安逸，让朋友信任我，让年轻人怀念我。"

陈继儒《云山幽趣图》

不期圣贤　是志不立

【原文】 人必有不安于近小之心，而后可期以远大；人必有不安于凡庸之心，而后可相期以圣贤。不期于远大，不期为圣贤，皆是志不立。

【译文】 人一定要有不安于眼前小事的思想，然后才可以期望他有远大志向；人必定有不安于平平常常的思想，然后才可以期望他成圣贤。如果不期望远大志向，不期望成为圣贤之人，便都是没有立志。

顶天立地　不亏三才

【原文】　天地人号为三才，人须是顶天立地，不亏其分量方好。生要有益于世，为天地间不可少之人；死要有传于后，为千万世重有赖之士，方不负此七尺之躯，不至碌碌与草木同朽。

【译文】　天、地、人、称为三才，人必须是顶天立地，不辜负他的力量才好。活着要对世界有好处，成为天地之间不可以缺少的人；死后要有事业传给后人，成为千万代还有所依赖的士人，这样才不辜负这堂堂七尺躯体，不至于平庸无能而与草木共同衰朽，一生无名。

立志明道　卓然特立

【原文】　人之随波逐浪，泪没于流俗之中者，只是志不立之故。若立志以明道，希文相期待，自能卓然特立，天壤间便觉少此人不得。

【译文】　人没有自己的主见而随着潮流跑，沉没在一般风俗习惯当中的原因，只是由于还没有确立坚定的志向。如果立志要申明道理，期望谋求文采，就能够卓越地独自立身，天地之间就感觉着不能缺少这个人了。

志定人品　生本事业

【原文】　宋王曾，乡会试并殿试皆居首，贺者谓曰：士子连登三元，一生吃著不尽。曾正色答曰：曾生平志不在温饱。其后立朝不苟，事业卓然。今人生平志在温饱，是以居官多苟，事业无闻，甚至播恶遗臭，子孙蒙羞讳言，不敢认以为祖。故人品定于所志，事业本乎生平。

【译文】　宋朝的王曾，乡试、会试和殿试都是第一名，祝贺的人对他说：学子接连三试都取第一名，一辈子都吃穿不完了。王曾以严肃的神色回答说：我王曾一生的志向不在于个人饱暖方面。他居官后，在朝里办事，毫不苟且敷衍，事业功绩特别卓越。现在的人们终生志向只在于吃穿得好就行了，所以做官多数是苟且从事，敷衍塞责，事业平淡，毫无声誉；甚至散布丑恶遗留臭名，连他们的子孙都蒙受着羞耻，不愿说到他们的名字，不敢承认他们为自己先祖。所以，人的品质是由其志向决定的，事业是以其一生努力实现志向为根本的。

君子于世　惟道之从

【原文】　君子之于世，无去无就，惟道之从。介士甘遁迹以遂高，退士务匿名以避咎，志士求危身以著节，义士乐备勇以垂声，其行不同，其失中一也。

【译文】　君子生活在世上，无论离去，无论附就，担任不但任职务，都要服从"道"而不可变更。正直之士心甘情愿隐避行迹，以成就他的高风亮节；隐退之士是一定隐藏真姓实名的，以便逃避灾祸；有志之士有远大志向和节操，希望做危险的事，以便显扬他的名节；忠义之士为维护正义乐于发扬勇武，以便流传他的声誉，他们的行为不同，但他们违背中道却是一样的。

言不贵讦　议不贵争

【原文】　言贵切，而不贵讦；议贵尽，而不贵争；迹贵明，而不贵暴；名贵与，而不贵取。

【译文】　言语贵在真挚恳切，而不攻击别人的过失或阴私；议论贵在精密详尽，而不强词争辩；事迹贵在光明正大，而不凶残暴虐；名誉贵在别人授予，而不自己夺取。

以执御名　后世称圣

【原文】　无实而有名，盗也；小实而大名者，幸也。孔子愿以执御名，而天下后世称圣焉，实也。

【译文】　没有实际而有虚名，是窃取；有小实际而得到大名声的，是侥幸。孔子因愿望赶马车出了名，而且天下后代的人称他为圣人，是名实相符。

存养省察　相习于善

【原文】　存养省察磨励乎诗书之中，涵濡乎礼乐之场……自治以此，治人即以此。使天下相习于善。

【译文】　在诗书当中去领会，保持并发展道德观念，在礼乐的实践活动中去涵养濡染品行。自我休养应该这样，教导他人也应该这样，使天下人都习惯于做善事。

学古立身　重廉敦礼

【原文】　士学古立身，必先重廉耻而敦礼让。廉耻重而后有气节，礼让敦而后有法度，文艺科名抑其末也。利欲夺则廉耻表，傲慢长则礼让亡，不知重廉耻乃所以自贵，敦礼让乃所以自尊，自贵自尊皆为己之学，非为人也。

【译文】　士人学习古人而立身行事，首先必须重廉洁、知羞辱而且尊礼仪、重谦让。只有重廉洁、知羞辱，才能有正气和节操；只有尊礼仪、重谦让，才能有法度观念；而文章、技艺、科举、名利就应放在它们的后面。有些人强取名利和欲望，结果使廉洁和羞辱感丧失；有些人增长的是骄傲、轻慢，结果失去的就是礼仪和谦让。他们不知道重视廉耻，讲究谦让，就是为了自贵自尊。因此，自贵自尊都是为自己的学问，并非为别人的学问。

见善必行　闻过必改

【原文】　德谓见善必行，闻过必改，能治其身，能治其家，能事父母，能教子弟，能御童仆，能肃政教，能事长上，能睦亲故，能择交游，能守廉介，能广施惠，能受寄托，能极患难，能导人为善，能规人过失，能为人谋事，能为众集事，能解斗争，能决是非，能兴利除害，能居官守职。

【译文】　所谓品德说的是：见到好的就一定实行；得知过错就一定改正；能修养自己；能治理家庭；能孝顺父亲母亲；能教导子弟；能驾御仆人；能肃清政教；能事奉长辈和上司；能和睦亲人和朋友；能选择朋友；能坚守廉洁和正直；能广施恩惠；能受人寄托；能解救患难；能引导人做好事；能规劝别人改正过失；能为别人谋划事情；能为大众成就事业；能解除争斗；能决定是非；能兴利除害；当官能尽职守责。

武元直《赤壁图》

财聚民散　财散民聚

【原文】　君子先慎乎有德。有德此有人，有人此有土，有土此有财，有财此有用。德者，本也；财者；末也。外本内末，争民施夺。是故财聚则民散，财散则民聚。

【译文】　统治者首先要重视德行的培养。有了德行，就有人民；有了人民，就有土地；有了土地，就有了财产；有了财产，就能实施各种措施，德行，是统治的根本；财产，是统治的枝节。轻视德行而重视财产，就会想方设法搜刮民脂民膏，（必然导致人民离心离德。）因此，统治者聚敛财产，人民就会离散；统治者藏富于民，人民就来归附。

凡百君子　各敬尔身

【原文】　凡百君子，各敬尔身。

【译文】　所有大小官员，均须恭敬、严肃。

先端心术　后重仪文

【原文】　服官有本末，固必先心术而后仪文。

【译文】　作官的人对根本性和枝节性的问题都应该注意，但一定要先端正思想，然后再去讲究容止仪表和文采。

心志自定　瞻望自尊

【原文】　敬者，修身立政之本也。衣冠必正。立动必端，凡一毫谑浪之语，绝口不谈；一毫轻亵之事，绝戒不为；非礼嫌疑之地，绝足不至。虽对门吏，亦如严宾，则心志自定，瞻望自尊，可以远慢辱，可以杜谤议，所谓不怒而民威矣。

【译文】　端庄、严肃，是修养身心、推行政事的根本。衣冠、举动都必须端正：绝对不讲一句戏谑放荡的话，绝对不做一点轻佻亵慢的事，绝对不去非礼嫌疑的地方。即使面对属下的小官吏，也像面对尊敬的客人一样，那么心神自然安定，人们的评价自然很高，这样就能够远离他人的轻慢和侮辱，也能够杜绝他人的诽谤和非议，和颜悦色就已使人民感觉到了自己的威严。

敬慎威仪　维民之则

【原文】　《抑》曰："敬慎威仪，维民之则。"北宫文子
曰："有威可畏之谓威，有仪可象之谓仪。"……臣有臣之威
仪，其下畏而爱之，故能守其官职，保族宜家。

【译文】　《抑》说："恭敬、谨慎和庄严的容貌举止，就是人民的典
型。"北宫文子说："有尊严使人敬畏，叫做威；有端庄的容貌举止使人效
法，叫做仪。"……大臣自有大臣的威仪，他的下属因此而敬畏、爱戴他，
那么他就能保住自己的官职，保住并增进家族的利益。

以德教民　民亦德矣

【原文】　子曰："长民者，衣服不贰，从容有常，以齐其民，则民
德壹。"

【译文】　孔子说：统治者们的穿着要整齐，举止要不慌不忙有规矩，
像这样用自己的实际行动去教化百姓，那么所有百姓的品德都会一样好。

一息尚存　志不少懈

【原文】　曾子启手足以示全，子张呼申祥以告终。一息尚存，此志岂
容少懈哉。

【译文】　曾子叫弟子看看自己的手足四肢，用来表示齐全无损；子张
病危时叫来儿子申祥，告诉他自己生命的终结。只要还有一口气存在，这种
求道之志怎能容许稍微懈怠呢。

世有大事　必出异人

【原文】　将有非常之大事，必生希世之异人。

【译文】　国家将要发生不同寻常的重大变革时，就必然会产生出世上少有的杰出人物。

安乐致死　忧患而生

【原文】　孟子曰："舜发于畎亩之中，傅说举于版筑之间，胶鬲举于鱼盐之中，管夷吾举于士，孙叔敖举于海，百里奚举于市。故天将降大任于斯人也，必先苦其心志，劳其筋骨，饿其体肤，空乏其身，行拂乱其所为，所以动心忍性，曾益其所不能。人恒过，然后能改；困于心，衡于虑，而后作；征于色，发于声，而后喻。入则无法家拂士，出则无敌国外患者，国恒亡。然后知生于忧患而死于安乐也。"

【译文】　孟子说："舜从田野中发迹，傅说从筑墙的苦力之中高升，胶鬲从鱼盐贩子之中被提拔起来，管仲从狱官手中获释后晋升为相，孙叔敖从海边被推举出来，百里奚从奴隶市场登上相位。所以上天将要下达重大使命到某个人身上，一定首先使他的内心痛苦，筋骨劳累，肉体挨饿，身受贫困，用种种行为妨碍干扰他要干的事业，借此使他内心警觉，性格坚定，使他的才能不断增长。一个人经常犯错误，然后才能改正；心里困苦，思绪阻塞，然后才能奋发有为；一个人的心事只有在脸上显露出来，在声音上表现出来，然后才能被人了解。一个国家，内部如果没有能坚持法度的大臣和能够成为君主辅佐的士人，外部如果没有相与抗衡的邻国和外患的忧虑，这个国家就时时有亡国的危险。只有这样，才能懂得因为忧患而图谋生存，因为安乐而导致灭亡的道理。"

受谏则圣　受学则成

【原文】　孔子谓子路曰："汝何好？"子路曰："好长剑。"孔子曰："非此之问也，请以汝之所能，加之以学，岂可及哉？"子路曰："学亦有益乎？"孔子曰："夫人君无谏臣则失政，士无教友则失德。狂马不释其策，操弓不返于檠，木受绳则直，人受谏则圣，受学重问，孰不顺成？毁仁恶士，且近于刑，君子不可以不学。"子路曰："南山有竹，弗揉自直，斩而射之，通于犀革，又何学为乎？"孔子曰"括而羽之，镞而砥砺之。其入不益深乎？"子路拜曰："谨受教哉！"

贾师古《岩关古寺图》

【译文】　孔子问子路说："你有什么爱好？"子路回答："喜欢舞弄长剑。"孔子说："我不是问的这，我是说凭借你的才干，再加上学习，别人怎么赶得上你呢？"子路问："学习也有好处吗？"孔子说："一个国君如果没有敢于劝谏的臣子，就会败坏政务；一个士人如果没有能够开导他的朋友，品德就会有缺失。骑烈马不能扔掉马鞭；握弓弩不能不顾矫正器。木料打上墨线才能锯直，人接受规劝才能达到圣人的境界，从师学习，勤勉好问，没有不能顺利成功的。毁弃仁义，厌恶士人，离犯罪受刑就不会远了，贤明的君子是不能不学习的。"子路又问："南山上生长的竹子，用不着揉搓，本身就是直的，砍下来作箭用，可以射穿犀牛皮，学习又有什么必要呢？"孔子回答："把箭尾粘上羽毛，把箭头磨得锋利，不是会射得更深吗？"子路拜谢说："我诚恳地接受您的教诲。"

志若不立　无着力处

【原文】　书不记，熟读可记；义不精，细思可精。唯有志不立，直是无着力处。

【译文】　书上的东西一时记不住，多读就可以记住，书中的意思不能精通，细细地思考，就可以精通。唯有没有树立志向，就是有气力也无处可用。

志不宜小　学不宜轻

【原文】　学者大不宜志小气轻，志小则易足，易足则无由进；气轻则以未知为已知，未学为已学。

【译文】　学习要树立大志，没有大志就容易自满，自满了就不易有长进了。学习要有勇气，缺乏勇气，不懂的东西就自以为懂了，没有学到的东西也自以为学到了。

先忧而忧　后乐而乐

【原文】　范仲淹二岁而孤，母贫无依，再适长山朱氏。既长，知其世家，感泣辞母去，之南都入学舍。昼夜苦学，五年未尝解衣就寝。或夜昏怠，辄以水沃面。往往饘食不充，日昃始食，遂大通六经之旨，慨然有志于天下。常自诵曰：当先天下之忧而忧，后天下之乐而乐。

【译文】　范仲淹两岁的时候死去了父亲，母亲贫穷，无依无靠，改嫁给长山一个姓朱的。范仲淹长大之后，知道了自己的家世，很有感触地哭泣着辞别了母亲，到南都学舍去读书。他白天夜里刻苦学习，五年不曾脱衣睡觉。有时夜里昏沉疲倦，便以冷水洗脸。往往连稠粥都不够吃，所以到太阳偏西的时候才开始吃饭。经过刻苦学习，终于精通了六经的旨义，颇有感慨地怀有治国济民的远大志向。他常常陈述说：应该忧愁在天下人忧愁之前，快乐在天下人快乐之后。

立得志定　则学自进

【原文】　立得志定，操得心定，不至移易，则学自进。

【译文】　如果志向确立得坚定，心里把持得坚定，使志向至于更改，那么，做学问自然就会有长进。

立志而圣　立志而贤

【原文】　志不立，天下无可成之事。虽百工技艺，未有不本于志者。今学者旷废隳堕，玩岁愒时，而百无所成，皆由于志之未立耳。故立志而圣，则圣矣；立志而贤，则贤矣。志不立，如无舵之舟，无衔之马，漂荡奔逸，终矣何所底乎？

【译文】　不确定志向，世界上就没有可以成功的事情。即使是各种行业的做工学艺，学成的根本也在于立定志向。现在的求学者荒废毁弃学业，贪图安逸，虚度岁月，百事却不能做成一件，都是由于没有立定志向的缘故。因此，立志做圣人的，就可能成为圣人；立志做贤人的，就可以成为贤人。不确立志向，就像没有舵的船，没有勒口的马，漂荡奔跑，最终不知道向什么目标前进。

志之不立　劳苦无成

【原文】　夫学莫先于立志；志之不立，犹不种具根而徒事培壅灌溉，劳苦无成矣。世之所以因循苟且，随俗习非。而卒归于污下者，凡以志之弗立也。

【译文】　求学重要的是先要立下志向，志向不确立，犹如种树不种根，而徒劳地对树木培土灌溉，结果劳苦而无成效。世人之所以守旧敷衍，随波逐流，对错误的东西习以为常，而最后堕落为品格低下的人，都是因为没有立志的缘故。

为学之心　立志之事

【原文】　故立志者，为学之心也；为学者，立志之事也。

【译文】　所以，确立志向，是做学问的根本；做学问，是确立志向的事业。

识字得真　俗气远避

【原文】　传家一卷书，惟在汝立志。凤飞九千仞，燕雀独相视。不饮酸臭浆，闲看旁人醉。识字识得真，俗气自远避。人字两撇捺，原与禽字异。潇洒不沾泥，但与天无二。

【译文】　传给你书一卷，希望你立志做个高尚的人。凤凰高飞九千仞之上，燕子和山雀只能在下面看着它。不去喝那些酸臭的酒，就可以在一边闲看旁人喝得烂醉。识字识得真切，俗气自然远离。"人"字一撇一捺，本来就和禽兽的"禽"字不同，洒脱不沾污秽，便是顶天立地的男儿。

立志变改　金丹换骨

【原文】　人之气质，由于天生，本难改变，惟读书则可以变化气质。古之精相法并言读书可以变换骨相，欲求变之之法，总须先立坚韧之志。即以余生平言之，三十岁前，最好吃烟，片刻不离。至道光壬寅十一月廿一日立志戒烟，至今不再吃。四十六岁以前作事无恒，近五年深以为戒，现在大小事均尚有恒。即此二端，可见无事不可变也。尔于厚重二字，须立志变改，古称金丹换骨，余谓立志即丹也。

【译文】 人的气质，是天生而来，本来难以改变，惟有读书能够影响气质。古代精于相术的人都认为读书可以变换人的骨相。要想得到改变的方法，总必须先立下坚韧不拔的志气。就以我这一生来说，三十岁以前，是喜欢吸烟，片刻不能离身。到道光壬寅十一月廿一日立志戒烟，至今已不再吸烟。四十六岁以前，做事没有恒心。近五年来深以为警戒，现在做大小事情都有点恒心。就从这两件事来看，可以知道没有什么事情不能改变。你对于厚重两字，必须立志变改，古人说金丹换骨，我说立志就是金丹。

志存高远 免于下流

【原文】 夫志当存高远，慕先贤，绝情欲，弃疑滞，使庶几之志，揭然有所存，恻然有所感；去细碎，广咨问，除嫌吝，虽有淹留，何损于美趣，何患于不济？若志不强毅，意不慷慨，徒碌碌滞于俗，默默束于情，永窜伏于凡庸，不免于下流矣！

【译文】 应该树立远大的理想，追慕先贤，节制情欲，去掉疑惑，无所畏缩，树立好学成才的志向，能屈能伸，豁达大度，不局限于琐屑的事情，广泛学习，宽大气量，即使未能得到升迁，又怎会损害自己美好的志趣，何愁理想不能得到实现？如果意志不坚强，意气不昂扬，沉溺于习俗私情，碌碌无为，就将永远处于平庸的地位，甚至沦落到下流社会。

淡泊明志 宁静致远

【原文】 夫君子之行，静以修身，俭以养德，非淡泊无以明志，非宁静无以致远。夫学，须静也；才，须学也。非学无以广才，非志无以成学。疚慢则不能励精，险躁则不能治性。年与时驰，意与日去，遂成枯落，多不接世，欲守穷庐，将复何及！

【译文】　品德高尚者的作为，通过静加强自身修养，通过节俭培养良好的德行。不恬淡寡欲，不能表明志趣；没有宁静的心境，不能确立高远的志向。求学，一定要安心；取得才干，一定要通学习。不学习，不能增长才干；不立志，不能成就学业。轻浮怠惰不能钻研学问偏傲浮躁不能陶冶性情。年华易逝。意志消磨，就会成为枯叶一般，不合世用，悲守穷屋，后悔不及了！

巨然《层岩丛树图》（局部）

极无定力　难任天下

【原文】　分明认得自家是，只管担当直前做去。却因毁言辄便消沮，这是极无定力底，不可以任天下之重。

【译文】　只要明确认识到自己的行为是正确的，就应当义无反顾地积极去做。因为听到诋毁讥讽便沮丧泄气，这是非常没有主见的表现，这种人是不能够担当天下重任的。

能愧能奋　圣人可至

【原文】　士君子作人不长进，只是不用心、不着力。其所以不用心、不着力者，只是不愧不奋。能愧能奋，圣人可至。

【译文】　士君子在做人方面没有进步，是因为不用心、不努力。之所以不用心、不努力，是因为没有羞愧之心和奋发的激情。能够感到羞愧，能够奋发向上，那么就可以达到圣人的水平。

很毋求胜　分毋求多

【原文】　"临财毋苟得，临难毋苟免，很毋求胜，分毋求多。

【译文】　面对金钱要清廉自守，国家有难要义勇为先，与人争讼不必求胜（"很"，争讼），与众分财不要求多。

求利也略　远害也早

【原文】　君子之求利也略，其远害也早，其避辱也惧，其行道理也勇。

【译文】　君子对于个人得失从不斤斤计较，他能早早地远离祸患，他能警惕地防范污辱，他能勇敢地去做合乎道义的事情。

贫穷志广　喜不过予

【原文】　君子贫穷而志广，富贵而体恭，安燕而血气不惰，劳勌而容貌不枯，怒不过夺，喜不过予。

【译文】　君子贫穷而志气不短，富贵而行为谦恭，安逸时精神不懈怠，疲倦时容貌不苟且，发怒时不非分处罚别人，高兴时也不过分赏赐别人。

端悫善少　无耻恶少

【原文】　端悫顺弟，则可谓"善少"者矣；加好学逊敏焉，则有钧无上，可以为君子者矣。偷懦惮事，无廉耻而嗜乎饮食，则可谓"恶少"者矣；加惕悍而不顺，险贼而不弟焉，则可谓"不详少"者矣；虽陷形戮可也。

【译文】 诚实正直尊敬长者，则可以说是好青年了；再加上好学、谦逊、敏捷，所有这些，别人只有同他相等，而没有超过他的人，就可以成为君子了。懒惰无能怕劳动，无廉耻而贪吃喝，则可以说是恶少年了；再加上放荡不拘而不守礼法，阴险奸诈而不尊敬长者，就成为凶险的少年了，即使受到法律的制裁也是活该的。

患不避义　欲利不非

【原文】 君子易知而难狎，易惧而难胁，畏患而不避义死，欲利而不为所非，交亲而不比，言辨而不辞。荡荡乎！其有以殊于世也。

【译文】 君子容易接交而难以狎侮，小心谨慎而不怕威胁，畏惧祸患但不逃避为正义而死。求取物质利益但不采取不正当手段，和亲朋往来但不结党营私。能言善辩但不讲究辞藻的华丽。这就是君子心胸开阔，不同于常人的地方。

知足不辱　知止不殆

【原文】 "知足不辱，知止不殆。"

【译文】 知道克服贪欲，能够避免羞辱；知道适当休息，不会疲惫劳顿。

身贵愈恭　家富愈俭

【原文】 身贵而愈恭，家富而愈俭，胜敌而愈戒。

【译文】　身居高官时，越要谦逊；家里富足时，越要节约；战胜敌人以后，更应警惕不懈。

好善无厌　受谏能诚

【原文】　好善无厌，受谏而能诚，虽欲无进，得乎哉！

【译文】　喜欢良好的品德而没有止境，接受他人的劝说而警诫自己，怎么能够不会进步呢！

非无足财　是无足心

【原文】　非无足财，是无足心。

【译文】　不是财物不丰难以满足个人需要，而是个人私欲永无止境。

贪欲之忧　终身不解

【原文】　不知足者之忧，终身不解。

【译文】　贪得无厌的人的忧愁，一生一世都难于排除。为什么呢？因为他欲壑难填。

寡欲正心　无愧上天

【原文】　日用之间，以寡欲正心为主，以不愧天为本。欲不止于声色货利，凡名心、胜心、矜心、执心、人我心，皆欲也。寡而又寡，自念虑之萌以至言动之著；务纯乎天理，无一毫夹杂，方是不愧于天。

【译文】　平常之中，应以克制欲望端正思想为主，以不愧于上天为根本。欲望不只是在声音、女色、财物、功利方面，凡是名利的思想、争强好胜的思想、自负的思想、冥顽固执的思想、妄想自身常住不变的思想，都是欲望。因此，欲望要少而又少，从念头考虑的萌发，直到言论、行为的显露，都必须纯洁于天理，不能有一丝一毫的杂物，只有这样，才是无愧于上天。

知过能改　圣人之徒

【原文】　知过能改，便是圣人之徒；恶恶太严，终为君子之病。

【译文】　能知道自己的过错而加以改正，那么便是圣人的门徒；攻击恶人太过严厉，终会成为君子的过失。

吕纪《三思图》

人能苦心　上天不负

【原文】　德泽太薄，家有好事，未必是好事，得意者何可自矜；天道最公，人能苦心，断不负苦心，为善者须当自信。

【译文】　自身品德不高，恩泽不厚，即使家中有好事降临，未必真是幸运，得意的人哪里可以自认为了不起呢？上天是最公平的，人能尽心尽力，上天会有报，做好事的人尤其要有自信。

高不长进　低不振兴

【原文】　把自己太看高了，便不能长进；把自己太看低了，便不能振兴。

【译文】　若将自己评估得过高，便不会再求进步；而评估得太低，便会失去振作的信心。

气性语言　可视心术

【原文】　气性不和平，则文章事功，俱无足取；语言多矫饰，则人品心术，尽属可疑。

【译文】　如果一个人不能平心静气地处世待人，那么，就可以断定他在学问和做事上，都不可能有什么值得效法之处。一个人的言语如果虚伪不实，那么，无论他在人品或是心性上表现得多崇高，一样令人怀疑。

境难定心　尽行放下

【原文】　道本足于身，切实求来，则常若不足矣；境难足于心，尽行放下，则未有不足矣。

【译文】　真理原本就存在我们的白性之中，充实而无所缺乏，如果还不断地追求，仍然会感到不足。外在的事物很难令人心中的欲念满足，倒不如全然放下，那么也就不会觉得不足了。

觉己不是　决意改图

【原文】　才觉已有不是，便决意改图，此立志为君子也；明知人议其非，偏肆行无忌，此甘心小人也。

【译文】　刚觉得自己有什么地方做得不对，便毫不犹豫地改正，这就是立志成为一个正人君子的做法。明明知道有人在议论自己的缺点，仍不反省改过，反而肆无忌惮地为所欲为，这便是自甘堕落的行为。

人之足传　在于有德

【原文】　人之足传，在有德，不在有位；世所相信，在能行，不在能言。

【译文】　一个人值得为人称道，在于他有高尚的德性，而不在于他有高贵的地位。世人所相信的，是那些凡事都能实践得很成功的人，并不是那些嘴里说得好听的人。

凡人之情　要于诚信

【原文】　凡人之情，莫不爱于诚信。诚信者，即其心易知。故孔子曰："为上易事，为下易知。"非诚信无以取爱于其君，非诚信无以取亲于百姓。故上下通诚者，则暗相信而不疑；其诚不通者，则近怀疑而不信。

【译文】　人们都喜爱诚实守信。一个人要是诚实，就容易知道他的思想。因此孔子说："有了诚实的品德，居于上位的人容易侍奉，居于下位的人容易了解。"没有诚实的品德，不能取得君主的宠爱；没有诚实的品德，不能取得百姓的爱戴。因此：上下以诚相待，即使不公开申明这一点，也能做到互相信任；上下不能以诚相待，即使表面上亲近，也还是互相怀疑。

君子修身　善于诚信

【原文】　《体论》曰："君子修身，莫善于诚信"。夫诚信者，君子所以事君上、怀下人也。天下言而人推高焉，地下言而人推厚焉，四时不言而人与期焉。此以诚实为本者也。故诚实者，天地之所守而君子之所贵也。

【译文】　《体论》说："君子修养身心，要特别重视诚实，没有什么比诚实更美好。"君子就是靠诚实的品德去侍奉君主、使人民归顺的。天不曾说话，而人们都尊崇它高；地不曾说话，而人们都尊崇它厚；春夏秋冬四季不曾说话，而人们都称誉它守时。它们都以诚实作为立足的根本。因此诚实既是天地奉行的准则，又是君子贵重的品德。

安稳深沉　美德之最

【原文】　安重深沉是第一美质。定天下之大难者，此人也。办天下之大事者，此人也。刚明果断次之。其他浮薄好任，翘能自善，皆行不逮者也。即见诸行事而施为无术，反以偾事，此等只可居谈论之科耳。

【译文】　安稳深沉是最大的美德。平定天下于大难之中的，就是这种人。明辨天下大事的，也是这种人。比这样的人略微逊色的是刚毅、明达、果断、勇敢的人。其他像好大喜功、轻薄虚荣等人，都是行为不正的人。事到临头胸中没有任何谋策，反而会把事情搞糟，这种人只能夸夸其谈而已。

贪德让名　辞完处缺

【原文】　做人要做个万全，至于名利地步休要十分占尽，常要分与大家，就带些缺绽不妨。何者？天下无人己俱遂之事，我得人必失，我利人必害，我荣人必辱，我有美名人必有愧色。是以君子贪德而让名，辞完而处缺。使人我一般，不峣峣露头角、立标臬，而胸中自有无限之乐。孔子谦己，尝自附于寻常人，此中极有意趣。

【译文】 做人就要尽力达到完善的地步。至于名誉、利禄、地位，却不要都占据了，经常让大家分享其中的一些，就是有些缺点和破绽也无关紧要。这是为什么呢？天下

赵佶《柳鸦》（部分）

没有自己和他人都满意的事情，自己得到了别人必然会失去，自己获得了利益别人必然会受到损害，自己取得了荣誉别人必然会受到耻辱，自己有了美好的名声别人必然会相形见绌而感到惭愧。因此君子追求道德而谦让名誉，使自己和大家一样，不到处去抛头露面，树立标准，这样心中自然有无限的乐趣。孔子就非常谦虚而常常附和他人。这中间思想和旨趣极为深远。

德怕易累　不怕难积

【原文】 德不怕难积，只怕易累。千日之积不禁一日之累，是故君子防所以累者。

【译文】 道德不怕难以积蓄，只是怕容易受到牵累。千日的积酗不能禁止一日的牵累。因此君子最注意克服道德修养的妨碍。

涵养省察　克治有法

【原文】 涵养如培脆萌，省察如搜田蠹，克治如去盘根。涵养如女子

坐幽闺，省察如逻卒辑奸细，克治如将军战勍敌。涵养用勿忘勿助工夫，省察用无怠无荒工夫，克治用是绝是忽工夫。

【译文】　涵养就像培植幼弱的萌芽，反省检察就像搜寻田间的蛀虫一样，克制改正就像整修乱根一样。涵养就像是女子处在幽深的闺阁之中，反省检察就像巡逻的士兵缉拿奸细，克制改正就像将军与强大的敌人作战。涵养需要时刻努力，反省检察需要没有荒怠的时刻，克制改正需要果断坚决的态度。

礼尚往来　有往有来

【原文】　"礼尚往来，往而不来，非礼也；来而不往，亦非礼也。"

【译文】　礼，崇尚相互之间有来有往。往而不来，不能叫知礼；来而不往，也不能叫知礼。

博闻而让　善行不怠

【原文】　"博闻强识而让，敦善行而不怠，谓之君子。"

【译文】　知识渊博，记忆力强，对人还是那么谦逊；替人们已经办了许多好事，仍然毫无倦怠地去做。这样的人，可以称得上是品德高尚的君子。

莫见乎隐　莫显乎微

【原文】　"莫见乎隐，莫显乎微，故君子慎其独也。"

【译文】　隐蔽得再好终究会被发现，再细微的小事终究要暴露。所以，君子在独居时，仍然要约束自己，力求谨慎，一丝不苟。

人必自侮　然后人侮

【原文】　孟子曰："不仁者可与言哉？安其危而利其菑，乐其所以亡者。不仁而可与言，则何亡国败家之有？有孺子歌曰：'沧浪之水清兮，可以濯我缨；沧浪之水浊兮，可以濯我足。'孔子曰：'小子听之！清斯濯缨，浊斯濯足矣。自取之也。'夫人必自侮，然后人侮之；家必自毁，而后人毁之；国必自伐，而后人伐之。太甲曰：'天作孽，犹可违；自作孽，不可活。'此之谓也。"

【译文】　孟子说："不仁的人难道可以同他共语吗？他们看到别人的危险，无动于衷；利用别人的灾难来取利；把荒淫暴虐这些足以导致国家灭亡，家庭破败的事当作快乐来追求。不仁的人如果还可以与他商议，那怎么会发生亡国败家的事情呢？从前有个小孩唱道：'沧浪的水清呀，可以洗我的帽缨；沧浪的水浊呀，可以洗我的脚。'孔子说：'学生们听着！水清就洗帽缨，水浊就洗脚，这都是由水本身决定的。'所以人必须先有自取侮辱的行为，别人才侮辱他；家必须先有自取毁坏的因素，别人才毁坏他；国必先有自取讨伐的原因，别人才讨伐他。《尚书·太甲篇》说过：'天造成的罪孽还可以逃开；自己造成的罪孽，逃也逃不了。'是这个意思。"

舍弃学习　如同禽兽

【原文】　学数有终，若其义则不可须臾舍也。为之，人也；舍之，禽兽也。

【译文】　学习的课程是有终了的，但人要学习的原则却不能片刻舍弃。努力学习的，是人；舍弃学习的，就如同禽兽了。

私欲越甚　邪心越胜

【原文】　有欲甚，则邪心胜。

【译文】　一个人私欲太盛，邪恶的心思必然占上风。

无偏无党　王道荡荡

【原文】　无偏无党，王道荡荡。无偏无颇，遵王之义。

【译文】　不要偏私，不要结党，王道多么平坦宽广。不要偏私，不要倾侧，遵循先王的法则。

私视不见　私听不闻

【原文】　有私视也，故有不见也；有私听也，故有不闻也；有私虑也，故有不知也。夫私者，壅蔽失位之道也。

【译文】　用私心来看事物，所以就有看不见的地方；用私心来听情况，所以有听不到的地方；用私心来考虑问题，所以有认识不到的地方。这私心正是遭受蒙蔽、造成失败的原因。

天下非私　属天下人

【原文】　天下者，非一人之天下，乃天下之天下也。

【译文】　天下不是一个人私有的天下，而是天下人共有的天下。

李唐《江山小景图》

行之无私　出言必信

【原文】　行之无私，则足以容众矣；出言必信，则令不穷矣。此使民之道也。

【译文】　行事无私心，就能够团结众人；说话一定算数，政令就不会失灵。这就是使用人民的方法。

忍私能公　忍情能修

【原文】　志忍私然后能公，行忍情性然后能修。

【译文】　思想上能克制私欲而后才能一心为公，行动上克制感情而后才能有好的品德。

公道达之　私门塞矣

【原文】　公道达而私门塞矣，公义明而私事息矣。如是，则德厚者进而佞说者止，贪利者退而廉节者起。

【译文】　为公之道畅通了，走私人的门路就堵塞了；为公的原则树立了，各种为私的事情也就停止了。这样一来，德行高尚者得到任用，花言巧语取媚于人者就行不通了；贪图财利者被斥退，廉洁正派的人就当政了。

公平听衡　中和听绳

【原文】　公平者，听之衡也；中和者，听之绳也。

【译文】　公平，是衡量听政好坏的准则；处理政事宽严适当，是听政好坏的标准。

去私就公　民安国治

【原文】　能去私曲就公法者，民安国治；能去私行行公法者，则兵强而敌弱。

【译文】　能去掉私心而遵守公法的，人民安定国家也治理得好；能克服自私的行为而奉行公法的，就会军队强大而使敌国削弱。

治理天下　公则太平

【原文】　昔先圣王之治天下也，必先公。公则天下平矣。

【译文】　从前，先代圣王治理天下，一定把公正无私放在首位。做到公正无私，天下就安定了。

公理天下　万姓欢心

【原文】　为人君，当顺至公理天下，以得万姓之欢心。

【译文】　做为人君，应当一心为公治理国家，以取得老百姓的拥护。

天下为众　不奉一人

【原文】　大明无偏照，至公无私亲；故以一人治天下，不以天下奉一人。

【译文】　日月不单独照耀一部分人，执政者至公至正没有私人亲情；所以是国君一人治理天下，而不是天下侍奉国君一人。

治理天下　私不乱公

【原文】　治天下终不用私乱公。

【译文】　治理天下，归根结底在于不以私心扰乱公事。

谋天下利　谋万世利

【原文】　一身之利无谋也，而利天下者则谋之；一时之利无谋也，而利万世者则谋之。

【译文】　对个人有利的事情不要谋求，而应当谋求对天下有利的事情；对一时有利的事情不要谋求，而应当谋求造福千秋万代的事情。

卑色责人　去私循公

【原文】　卑色贵人，所以保终；去私循公，所以存国。

【译文】　不看脸色而尊重人格，是能够保持终节的原因；去掉私欲秉公办事，是国家得以保存的原因。

以公为公　以爱为心

【原文】　贤者以公为公，以爱为心，不为利回，不为势屈。

【译文】　品德高尚的人以公正和仁爱作为自己的思想原则，不为私利而改变志向，也不为权势所屈服。

大牖光入　公心善出

【原文】　大其牖，天光入；公其心，万善出。

【译文】　把窗户大开，阳光就会照进来；树立公心，许多好事就会出现。

持心如水　义理权衡

【原文】　宰相者持心如水，以义理为权衡，
而己无与者也。

【译文】　做宰相的人保持自己的思想，像水那样清澈平正，处理国家大事完全以正义和真理为准则，而私人的利益、个人的感情一点也不能掺杂进去。

曹知白《疏林幽岫图》

天下为公　自家为私

【原文】　将天下正大底道理去处置事，便公；以自家私意去处置之，便私。

【译文】　拿正当合法的道理去处置事情，就公正；用个人利益为准则去处置事情，就偏私。

出仕为官　为民非君

【原文】　我之出而仕也，为天下，非为君也；为万民，非为一姓也。

【译文】　我之所以出来做官，是为了天下，不是为了君主；是为了万千人民，不是为了皇帝一家。

天下受利　天下释害

【原文】　不以一己之利为利，而使天下受其利；不以一己之害为害，而使天下释其害。

【译文】　执政者不要只把自己一个人的好处当作是好处，而应当使天下人都得到这种好处；不要只把对自己一个人的害处当作害处，而要使天下人都免受这种害处。

一人不疑　天下不私

【原文】　不以一人疑天下，不以天下私一人。

【译文】　君主不能凭借自己的特殊身份猜忌天下人，也不能把天下的一切都用来满足君主一个人的私欲。

家富国贫　人臣大罪

【原文】　为人臣者，非有功劳于国也，家富而国贫，为人臣者之大罪也；为人臣者，非有功劳于国也，爵尊而主卑，为人臣者之大罪也。

【译文】　身为人臣的人，对于国家无功却家室豪富，而国家却很贫穷，这是作为人臣的极大罪过；对于国家无功却爵尊位高，而君主则显得卑下，这也是作为人臣的极大罪过。

禄不过功　位不侈能

【原文】　受禄不过其功，服位不侈其能，不以毋实虚受者，朝之经臣也。

【译文】　受禄不超过自己的功劳，当官不超过自己的才能，不以不实之功平白无故领受待遇的，就是朝廷的经臣。

德厚受禄　德薄辞禄

【原文】　称身而食，德厚而受禄，德薄则辞禄。

【译文】　衡量自己的贡献而接受国家的供给，德高贡献大就接受禄位，德薄贡献小就辞退禄位。

称身就位　计能定禄

【原文】　称身就位，计能定禄；睹贤不居其上，受禄不过其量。

【译文】　权衡自己的德才接受职务，衡量自己的能力接受俸禄，发现有比自己贤能的人，就不要使自己的职位在他之上，俸禄数量也不能超过他。

谋名遂者　不千一也

【原文】　夫谋利而遂者，不百一。谋名而遂者，不千一。今处世不能百年，而乃徼幸于不百一、不千一之事，岂不痴甚矣哉！就使遂志，临政不明仁义之道，也何足为门户之光耶？愚深思熟虑久矣，而不敢出诸口。今老矣，恐一旦先朝露而灭，不及与乡曲父兄子弟语及于此，怀不满之意于冥冥之中，无益也。故辄冒言之，幸垂听而择焉？

【译文】　谋利而如愿的人，百人中间没有一个。谋名而如愿的人，千人中间没有一个。人活不到一百年，而侥幸想获取成功率不高的名和利，难道不是太愚蠢了吗？即使是如愿获取了名利，但参与管理国家事务时不知道仁义的道理，这怎么可称得上是家门的光荣呢？我深思熟虑了很长的时间了，而一直没有开口说出。现今老了，恐怕一旦去世，来不及跟乡亲父兄子弟谈到这一想法，心怀不满，在九泉之下，也不甘心。所以就提出这一想法，希望你们认真听取，慎重选择。

世之贪夫　溪壑无厌

【原文】　世之贪夫，溪壑无厌，固不足责。至若常人之情，见他人服玩，不能不动，也是一病。大抵人情慕其所无，厌其所有。但念此物若我有之，竟也何用？使人歆羡，于我何补？如是思之，贪求自息。若夫天性澹然，或学问已到者，固无待此也。

【译文】　世上贪婪的人，欲壑难填，本来不足以责怪。至于一般人的性情，看到他人的华丽服饰和珍奇玩物，也不能不动心，也是一种不好的毛病。大凡人的性情，总是羡慕自己没有的东西，不喜欢自己拥有的东西。但如果你仔细想一想，一旦拥有这些东西，究竟有什么用处？使别人羡慕我的名利，对我有什么益处？像这样去想一想，贪心欲望就会自然而然消失。至于那些天性澹泊或学问已经达到很高境界的人，就不用这样了。

人之念头　与岁消长

【原文】　人之念头与气血同为消长。四十以前是个进心，识见未定而敢于有为。四十以后是个定心，识见既定而事有酌量。六十以后是个退心，见识虽真而精力不振。未必人人皆此，而此其大凡也。

【译文】　人的想法随着年龄的增长而变化。四十岁以前一心进取，认识尚未成熟，但是敢于有所作为。四十岁以后思想定型，认识稳定，凡事会三思而后行。进入六十以后，心理逐渐消极保守，虽然认识深刻、经验丰富，然而却已力不从心。并非每个人的情况都是如此，这里所说的只是一般的情形。

任颐《女娲炼石》

节制欲念　万善来同

【原文】　一念收敛，则万善来同；一念放恣，则百邪乘衅。

【译文】　收敛一个欲念，就会带来众多善行；一个欲念一旦放纵，各种邪恶行为就会趁虚而入。

无私之心　容纳万事

【原文】　只大公了，便是包涵天下气象。

【译文】　只要大公而没有私欲，心中就能够包含容纳天下万事。

精神清醒　沉静之谓

【原文】　沉静非缄默之谓也。意渊涵而态闲正，此谓真沉静。虽终日言语，或千军万马中相攻击，或稠人广众中应繁剧，不害其为沉静，神定故也。一有飞扬动扰之意，虽端坐终日，寂无一语，而色貌自浮。或意虽不飞扬动扰，而昏昏欲睡，皆不得谓沉静。真沉静底自是惺惚，包一段全副精神在里。

【译文】　沉静并非是说默不作声。意志修养很深但表现得很闲雅正派，这可以说是真正的沉静。虽然整天说话，或者在千军万马中冲杀，或者面对人多事杂的干扰，但都不影响他的沉静，这是精神安定的缘故。一旦心中浮躁不安，即使整天安然稳坐，一言不发，仍可从脸色表情中有所显露。或者虽然心中不浮躁，但昏昏欲睡，这都不是沉静。真正的沉静，自然表现为全部精神的清醒。

心实又虚　既小且大

【原文】　心要实，又要虚。无物之谓虚，无妄之谓实。惟虚故实，惟实故虚。心要小，又要大。大其心能体天下之物，小其心不偾天下之事。

【译文】　心地既要充实，又要虚无。没有东西存在叫作虚无。没有妄念叫作充实。有了虚无才有充实，有了充实才有虚无。心地既要细小，又要宽阔。心地宽阔，就能容纳天下一切事物；心地细小，就能认真审度天下万事万物。

对于万物　不宜着情

【原文】　世间物一无可恋，只是既生在此中，不得不相与耳。不宜着情，着情便生无限爱欲，便招无限烦恼。

【译文】　世间万物没有一样值得留恋，只是因为既然生活在这当中，不得不与之接触。但是不应该对它们产生感情，一动感情就会产生无尽的爱欲，因而招致无限的烦恼。

坏处考虑　永无不悦

【原文】　信知困穷抑郁、贫贱劳苦是我应得底，安富尊荣、欢忻如意是我傥来底，胸中便无许多冰炭。

【译文】　的确认识到穷困、抑郁、劳苦是自己应该得到的，而平安、富贵、欢欣如意是自己偶然得来的，这样，心中便会没有那么多不愉快的事情了。

忘却物我　永无牵累

【原文】　天地间惟无无累，有即为累。有身则身为我累，有物则物为我累。惟至人则有我而无我，有物而忘物，此身如在太虚中，何累之有？故能物我两化，化则何有何无？何非有何非无？故二氏逃有，圣人善处有。

【译文】　天地之间只有一无所有才会没有任何牵累，有了什么就有了牵累。有身体则身体就会成为自己的牵累。有了财物，财物就会成为自己的牵累。唯独至上之人虽然具有自我而又没有自我，虽有财物而忘却财物，全部身心如处在太虚境地之中，这样还能有什么牵累呢？如果能将他物和自我相互融化，融化了又有什么没有什么呢？又有什么或者没有什么是非呢？因此佛道二家学说逃避有这个概念，而圣人则善于处理有这个问题。

贫贱老死　不足为惧

【原文】　贫不足羞，可羞是贫而无志；贱不足恶，可恶是贱而无能；老不足叹，可叹是老而虚生；死不足悲，可悲是死而无闻。

【译文】　贫穷不足羞耻，可羞耻的是既贫穷又没有志向；低贱并不足以使人厌恶；可厌恶的是既低贱又没有能力；年老并没有什么可感叹的，可感叹的是既年老又虚度了一生；死亡不足以悲伤，可悲伤的是死后声名无存。

无价之药　取诸己身

【原文】　愚爱谈医，久则厌之，客言及者，告之曰："以寡欲为四物，以食淡为二陈，以清心省事为四君子。无价之药，不名之医，取诸身而已。"

【译文】　我很喜欢谈医学，久而久之也感到厌烦了，有客居之人来对我说："应该以清心寡欲作为四物，以食恬淡薄味作为二陈，以清心自省作为四君子。无价的药材，不可名言的医师，都在自己的身上。"

知足有余　安分无事

【原文】　造物有涯而人情无涯，以有涯足无涯，势必争，故人人知足则天下有余，造物有定而人心无定，以无定撼有定，势必败，故人人安分则天下无事。

【译文】　生产活动有所限制而人的欲念却没有限制，以有限对无限，其趋势必然导致相争，倘若人人都知足常乐，天下就会显得充裕。生产有规律而人的追求没有规律，以无律动摇有律，其趋势必然导致失败，倘若人人都安分守己，天下就不会有是非争端。

让善引过　勿须相争

【原文】　将好名儿都收在自家身上，将恶名儿都推在别人身上，此天下通情。不知此两个念都揽个恶名在身，不如让善引过。

【译文】　把好的名声都揽在自己身上，把坏名声都推在别人的身上，多数人都喜好这样。岂不知这两个念头，最终都会把坏名声揽到自己的身上，倒不如把美名让给别人，把过失自己承担。

贪爱之心　可贱可耻

【原文】　只一个贪爱心，第一可贱可耻。羊马之于水草，蝇蚁之于腥膻，蛆螂之于积粪，都是这个念头。是以君子制欲。

【译文】　对于自己所喜爱的就贪得无厌，这是最可耻，最卑贱的。羊、马对于水草贪得无厌，苍蝇、蚂蚁对腥膻的东西贪得无厌，蛆虫、屎克螂对粪便贪得无厌，都是出于这种欲望。因此，君子应该克制自己的欲望。

终身上畔　不失一段

【原文】　终身让路，不枉百步；终身让畔，

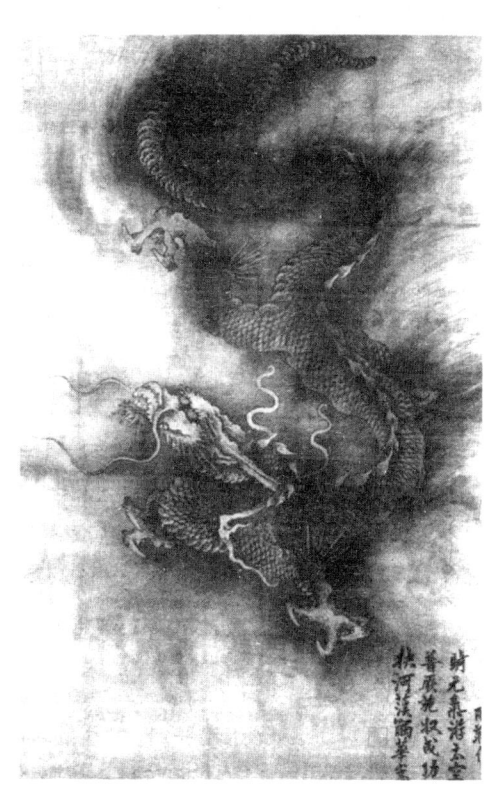

陈容《云龙图》

不失一段。

【译文】 一辈子给别人让路，也不会多走百步；一辈子给别人让田界，也不会失掉一段。

先存在己　　后望在人

【原文】 忠信笃敬，先存其在己者，然后望其在人者。如在己者未尽，而以责人，人也以此责我矣。今世之人，能自省其忠信笃敬者盖寡，能责人以忠信笃敬者皆然也。虽然，在我者既尽，在人者也不必深责。今有人能尽其在我，乃欲责人之似己，一或不满吾意，则疾之已甚，也非有容德者，祗益贻怨于人耳。

【译文】 忠信和诚敬，先要自己做到，然后才能要求别人做到。如果自己没有做到或做到不好，而责备别人没有做好，那么别人也会责备你没做好。现在的人，能够认识到自己忠信诚敬，做得如何的人大概很少，大多数都要求别人做到忠信孝敬。即使自己完全做到了忠信诚敬，别人没做到，也不可深深责备和埋怨别人。现在有的人自己做到了忠信诚敬，于是要求别人与自己一样，一旦不合己意，就十分地仇恨别人，这也是没有度量的表现，只会增加结怨别人的机会。

言为心声　　大智若愚

【原文】 才有一分自满之心，面上便带自满之色，口中便出自满之声，此有道之所耻也。见得大时，世间再无可满之事，吾分再无能满之时，何可满之有？故盛德容貌若愚。

【译文】 心里一旦自感满足，脸上便会有自满的表情，嘴里就会发出自满的声音，这是品德高尚的人认为可耻的事情。人认识到大的时候，便觉得天下再没有可以满足的事情了，按我的职分也没有可满足的时候，那么还有什么可以满足的地方呢？因此人品德高尚的时候，容貌表情通常却像很愚钝的样子大智若愚。

攻己之恶　而后攻人

【原文】　攻己恶者，顾不得攻人之恶。若哓哓尔雌黄人，定是自治疏底。

【译文】　努力克服自己身上缺点的人，是无暇指责别人过失的。如果只是整天对别人指三道四，那一定是修养肤浅、自我控制能力很差的缘故。

少年谨德　老人养生

【原文】　少年之情，欲收敛不欲豪畅，可以谨德；老人之情，欲豪畅不欲郁阀，可以养生。

【译文】　年轻人的性情，应该收敛而不应该豪放纵畅，这样便可以遵行道德；老年人的性情，应该豪放纵畅而不应该郁闷内向，这样就可以养生长寿。

群而不党　君子风范

【原文】　处众人中，孤另另的别作一色人，亦吾道之所不取也。子曰："群而不党。"群占了八九分，不党，只到那不可处方用。其用之也，不害其群，才见把持，才见涵养。

【译文】　在众人当中作一个孤僻乖戾的人是不可取的。孔子说："群而不党"。人要合群的时候占了十之八九，不党即不同流合污，只有到了必须坚持原则之时才用到。这样，对群体没有害处，才能体现出自己的主见和涵养。

重己修养　应天下事

【原文】　大其心，容天下之物；虚其心，受天下之善；平其心，论天下之事；潜其心，观天下之理；定其心，应天下之变。

【译文】　放宽心胸，容纳天下万般事物；谦虚谨慎，接受天下诸多仁善；平心静气，分析天下万千事情；潜心钻研，纵观天下种种事理；坚定信念，应付天下各种变化。

称善我善　称恶我恶

【原文】　称人之善，我有一善，又何妒焉？称我之恶，我有一恶，又何毁焉？

【译文】　称赞别人的美德，自己也就有了一个美德，这样还有什么可以嫉妒呢？诋毁别人的过失，自己也就有了过失，又何苦要诋毁别人呢？

心术容貌　有其根本

【原文】　心术以光明笃实为第一，容貌以正大老成为第一，言语以简重真切为第一。

【译文】　心术应该以光明笃实为根本，容貌应该以端庄老成为根本，言谈话语应该以简明恳切为根本。

养生要务　在于养德

【原文】　今之养生者，饵药、服气、避险、辞难、慎时、寡欲，诚要法也。嵇康善养生，而其死也却在所虑之外。乃知养德尤养生之第一要也。德在我，而蹈白刃以死，何害其为养生哉？

【译文】 今天追求养生之道的人，吃补药、服顺气、逃避艰险、躲开艰难、慎处时令、清心寡欲，这些当然是很重要的方法。嵇康善于养生，却死在他的意料之外。由此可知，道德的修养更是身心修养中最重要的内容。如果自己能遵行道德，即便是赴汤蹈火去面对死亡，又怎么不是最高尚的身心修养呢？

无德望福　自缚绳索

【原文】 无其实而喜其名者削，无德而望其福者约，无功而受其禄者辱。

【译文】 没有那样的实际能力却喜欢那样的名声的，必定遭受损失；没有那样的德行却企望得到那样的福分的，无疑于自缚绳索；没有那样的功绩却享受那样的爵禄的，肯定蒙受耻辱。

谦谦君子　用涉大川

【原文】 谦谦君子，用涉大川。……谦谦君子，卑以自牧也。

【译文】 谦谦有礼的君子，可以涉越大河巨流。……谦谦有礼的君子能够以谦卑的德行约束自己。

己所不欲　勿施于人

【原文】 学贵行恕。大凡人心不公则不恕，凡事物之来，一以大公至正之心处之，己所不欲，即以己之心度人，而勿以施之于人焉，此便是终身可行。平天下之絜矩，亦不过此意。

【译文】 求取学问贵在对人宽恕。一般而言，心地不公正的人就不会对人宽恕。凡是遇到的事情，一律以大公无私的心地去对待它。自己所不想要的东西，就要用自己的想法去推测别人，而不要把这些东西强加给别人，这就是人们一辈子必须实行的准则。平定天下的根本大法，也不过是这个意思。

冯道真墓壁图《道童献茶图》

贵而不骄　富而不奢

【原文】 贵而不骄，富而不奢，行理而不惰，故能长守贵富，久有天下而不失也。

【译文】 地位高贵而不骄横，家室富裕而不奢华，做事遵循正理而不松懈，所以能与富贵长相厮守，长久地拥有天下而不丧失。

伐矜好专　举事之祸

【原文】 伐矜好专，举事之祸也。

【译文】 骄傲自大，自以为是，乃是行事的祸患。

不平其称　不满其量

【原文】　有道者不平其称，不满其量，不依其乐，不致其度。爵尊则肃士，禄丰则务施，功大而不伐，业明而不矜。

【译文】　有修养的人不使自己分量十足，不使自己显得太满，不使自己得意忘形，不使自己达到最高的限度。爵位高就敬肃贤士，俸禄丰厚要施惠于人，功劳大而不自我夸耀，业绩显著而不洋洋自得。

功成弗居　是以不去

【原文】　功成而弗居。夫唯弗居，是以不去。

【译文】　功成而不自居自傲。正由于不居功自傲，所以他的功绩永远不会被抹煞。

多闻阙疑　慎言其余

【原文】　子曰："多闻阙疑，慎言其余，则寡尤；多见阙殆，慎行其余，则寡悔。"

【译文】　孔子说：多听，有怀疑的地方，加以保留；对其余不疑的部分，也应谨慎开口，才能减少过失。多看，有危殆不安的地方，不可涉足，对其余可靠的部分，也应审慎处置，才能减少懊悔。

贤者行恭　知者辞顺

【原文】　贤者任重而行恭，知者功大而辞顺，故民不恶其尊，而世不妒其业。

【译文】　贤明的官员虽然职务很重要，但是举止却很恭敬有礼；有智慧的官员虽然功劳很大，但言论却谦和温顺，所以老百姓对于他们的尊贵地位并不憎恨，世人对于他们建立的功业并不嫉妒。

义胜欲昌　欲胜义亡

【原文】　义胜欲则昌，欲胜义则亡；敬胜怠则吉，怠胜敬则灭。

【译文】　义理胜过私欲国家就昌盛，私欲胜过义理就灭亡；谨慎战胜懈怠就吉利，懈怠战胜谨慎就灭亡。

台榭相望　亡国之庑

【原文】　台榭相望者，亡国之庑也；驰车充国者，追寇之马也，羽剑珠饰者，斩生之斧也，文采纂组者，燔功之窑也。明王知其然，故远而不近也。

【译文】　楼台亭榭相望，等于是亡国的廊房；游乐车马满国，等于是贼寇的车马；用宝珠装饰的箭和剑，等于是杀身的兵刃；华丽衣饰与彩色绦带，等于是焚烧功业的窑灶。明君懂得这些道理，所以远远离开它们而不愿接近。

沉乐洽忧　厚味薄行

【原文】　沉于乐者洽于忧，厚于味者薄于行，慢于朝者缓于政，害于国家者危于社稷。

【译文】　沉溺于宴乐的就沾染于忧患，厚享于口味的就薄于德行，怠慢于朝廷的就懈茫于政事，有害于诸侯国和家族的就危于国家。

放纵快乐　有害无益

【原文】　乐骄乐，乐佚游，乐宴乐，损矣。

【译文】　以尊贵骄纵为快乐，以放荡游猎为快乐，以大吃大喝为快乐，这是有害的。

不知满足　势必危亡

【原文】　得合而欲多者危，养欲而意骄者困。

【译文】　所获取的已经足够，而还想获取更多，这样必然危亡；滋长贪欲而又意念骄横放纵，必然会遭到困厄。

目不淫色　身不怀安

【原文】　目不淫于色，身不怀于安，朝夕勤志，恤民之赢。

【译文】　眼睛不被美色所迷乱，身子不沉湎于安逸，朝朝暮暮为实现远大抱负而勤奋努力，体恤人民的困苦。

查士标《仿黄公望富春览胜图》

贪图怀安　实疚大事

【原文】　怀与安，实疚大事。

【译文】　贪图享乐和安逸，对于成就大事业确实是有害的。

敖不可长　欲不可纵

【原文】　敖不可长，欲不可从，志不可满，乐不可极。

【译文】　游玩休息不可以没完没了，个人的要求不能放纵，奋斗目标任何时候都不能认为满足，享乐、高兴不应失去控制。

宴安鸩毒　不可怀也

【原文】　宴安鸩毒，不可怀也。

【译文】　贪图安逸享受等于喝毒酒自杀，这是不可以怀恋的。

视民如仇　不攻自败

【原文】　玩好是从，珍异是聚，观乐是务。视民如仇而用之日新。夫先败也已，安能败我？

【译文】　放纵地赏玩嗜好的物品，贪得无厌地聚敛奇珍异宝，致力于观赏享乐，把老百姓看作和仇人一样，不断变换方法使用他们。这样的政权自己先把自己搞垮了，怎么还能打败我们。

骄奢淫佚　所自邪也

【原文】　骄、奢、淫、佚，所自邪也。

【译文】　骄傲、奢侈、淫荡、放纵，是走入邪路的原因。

虽有荣观　燕处超然

【原文】　虽有荣观，燕处超然。

【译文】　虽享有繁华的生活，却不沉溺在里面。

上不厌乐　下不堪苦

【原文】　上不厌其乐，下不堪其苦。

【译文】　执政者永不满足地追求享乐，百姓们就难以忍受压榨之苦。

好恶以节　喜怒以当

【原文】　好恶以节，喜怒以当，以为下则顺，以为上则明。

【译文】　对兴趣上的嗜好和厌恶能够进行节制，做到适度；对于高兴和发怒能够控制，做到得当。这样的人处在下级地位就是顺理之人，处在上级的地位就是明智的领导者。

欲不可去　求可节也

【原文】　欲虽不可去，求可节也。

【译文】　人的欲望虽然是不能消灭的，但对欲望的追求是可以节制的。

不得为欲　不足为求

【原文】　不可得之为欲，不可足之为求，大失生本，民人怨谤，又树大雠。

【译文】　总是想得到不可得到的东西，追求不可满足的欲望，这样必然大大丧失生命之本，又会招致百姓怨恨指责，给自己树起大敌。

有德之君　以乐乐人

【原文】　有德之君，以乐乐人，无德之君，以乐乐身。乐人者，久而长；乐身者，不久而亡。

【译文】　有德行的君主，是用"乐"来使民众快乐；无德行的君主，只知用"乐"使自己快乐。使民众快乐，才能保持长久；只知道使自己快乐，不久便会灭亡。

止人之欲　禁人之乐

【原文】　非能使人弗欲，而能止之；非能使人勿乐，而能禁之。

【译文】　执政者不能使人没有欲望，但能使他们适可而止；不能使人不追求吃喝玩乐，但能适当地禁止他们。

欲见于外　守职离正

【原文】　嗜欲见于外，则守职者离正而阿上，有司枉法而从风。

【译文】　执政者的嗜好和欲望表现于外表，那么尽责守职的人就会离开正道而曲从君主，官吏们就会歪曲法律而紧紧跟随。

取下有节　自养有度

【原文】　仁君明王，其取下有节，自养有度。

【译文】　仁义的君主，贤明的国王，他们向民众的索取是有节制的，自己生活的供养是有分寸的。

欲多而亡　无欲不危

【原文】　有以欲多而亡者，未有以无欲而危者也。

【译文】　有因为贪欲过多而灭亡的，但是没有因为无所贪欲而危险的。

务在独乐　仁者不由

【原文】　务在独乐，不顾众庶，忘国家之政，而贪雉兔之获，则仁者不由也。

【译文】　追求独自一人的享乐，不顾广大百姓，忘却国家政事，而贪图猎获野鸡、兔子之类的禽兽，仁德的君主是不这样做的。

有不知止　失其所有

【原文】　欲而不知足，失其所以欲；有而不知止，失其所以有。

【译文】　欲望不知道满足，会失去所应有的欲望，占有不知道限制，会失去所占有的一切。

不患不富　患其亡厌

【原文】　不患其不富，患其亡厌。

【译文】　不应忧虑自己不富足，而应忧虑自己那种满足不了的贪欲。

如不知足　则失所欲

【原文】　如不知足，则失所欲。

【译文】　如果贪得无厌，就要丧失他希望得到的。

蝎盛木折　欲炽身亡

【原文】　蝎盛则木折，欲炽则身亡。

【译文】　蝎子多了，树木就会朽折；欲望太强烈了，身心就会丧亡。

廉者无求　贪者不足

【原文】　廉者常乐无求，贪者常忧不足。

【译文】　清廉的人终日为无所求取而快乐，贪婪的人总是为物欲不能满足而忧伤。

贤者节之　愚者纵之

【原文】　嗜欲喜怒之情，贤愚皆同。贤者能节之，不使过度，愚者纵之，多至失所。

【译文】 有嗜好的欲望，有喜怒哀乐等情感，在这点上，贤人和愚人是一样的。不同的是，贤良的人能够节制，不使过度，而愚昧的人却放纵自己，以致失去存身之地。

李迪《风雨牧归图》

息靡丽作　罢不急务

【原文】 知存亡之所在，节嗜欲以从人，省游畋之娱，息靡丽之作，罢不急之务，慎偏听之怒。

【译文】 弄清存亡的关键所在，听从规劝，节制嗜好和欲望，省却游猎之乐，停止豪华的建造，取消不急之务，谨防偏听偏信所引发的气怒。

所欲既多　所损亦大

【原文】 伤其身者不在外物，皆由嗜欲以成其祸。若耽嗜滋味，玩悦声色，所欲既多，所损亦大，既妨政事，又扰生民。

【译文】 使人身受到损害的原因不在别的，都是由于自己贪欲才酿成了灾祸。如果一味追求吃喝，沉湎于声色，那么，这些欲望越多，所受到的损害也就越大，这样既妨害国家大事，又扰乱老百姓。

菜根生光

于简使燕不屈节

于什门，名简，代人。北魏明元帝拓跋嗣时为谒者。神瑞元年，明元帝派使臣分别至后秦、北燕、柔然，进行招谕。于什门受命至北燕。是时，冯跋建北燕才五年。

于什门到达燕国都城和龙后，不肯入宫参见北燕天王冯跋，他对北燕官员说："大魏皇帝有诏，须冯主出受，然后敢人"。北燕之人听后大怒，不由分说便将于什门拖拉进宫，要他行大礼拜见天王冯跋。于什门见了冯跋，立而不跪，冯跋便命人按着于什门的脖子让他拜见。于什门大声说道：天王拜受大魏皇帝的诏书，我自然会以宾主之礼拜见天王的，何必要苦苦逼呢？

于什门同冯跋反复辩论，"声气厉然"，并不屈服。冯跋大怒，决定拘留于什门，不放回国。即使这样，于什门依然必向魏国，毫不动摇。每次见到冯跋，他都要当众给予羞辱，表明自己对魏国的忠诚和对强暴的反抗。冯跋左右之人，多次建议处死于什门。冯跋认为，于什门这样做是为了自己的国家，是忠义之举，而不同意杀害。

幽禁于什门之后，冯跋派多起官员前去劝降，但于什门心存魏国，誓死不降。拘留北燕时间一久，于什门的衣服都破烂败坏不堪，并长瞒了虱子、虮子，令人惨不忍睹。冯跋知道后，派人给于什门送去了新衣、新帽。于什门拒而不受。

于什门不屈节、不降敌，不接受北燕衣物的事，在和龙传开了，和龙的人们赞叹他："虽古烈士，无以过也！"

于什门在北燕拘留了二十一年。冯跋去世后，北魏太武帝延和三年，冯跋的儿子冯弘向北魏"上表称藩",才将于什门送还平城。

北魏太武帝十分赞赏于什门不屈服、不变节的爱国精神,下诏表彰道:"(于)什门奉使和龙,值狂竖肆虐,勇志壮厉,不为屈节,虽昔苏武何以加之"。并将于什门忠心爱国之事,告于宗庙:"颁示天下"。

毛德祖与城并命

永初三年五月,南朝宋武帝刘裕去世。北魏明元帝拓跋嗣认为这是伐宋夺取洛阳(今河南洛阳东白马寺东洛水北岸)、虎牢(今河南荥阳汜水镇)和滑台(今河南滑县东之旧滑县)的极好时机,他拒不听从大臣崔浩的劝谏,也不顾伐丧之嫌,决定起兵南下。十月,他命大将奚斤节、周几、公孙表等率兵攻宋。其中,公孙表力主攻城,受到拓跋嗣的首肯。

宋东郡太守王景度,戍守滑台,立即将魏兵南下的消息报告司州刺史、冠军将军毛德祖。毛德祖即命司马翟广率兵将三千抵御魏兵。翟广兵到卷县的土楼时,魏兵已在滑台城东二里处安营,并修持攻城器械,威胁滑台。毛德祖深知滑台守兵不足,便让翟广选拔军中青壮年进入滑台,协助守城,并组织水军援助滑台。同时,毛德祖为防备北魏大举攻城,又命将率兵守长社、雍丘,以为犄角之势。但是,由于魏兵太多、太强,宋兵未能守住滑台,十一月,魏兵攻破滑台城东北角,接着大兵涌入,太守王景度见滑台失守,只好出奔。

随即,魏兵把攻击矛头指向虎牢。司州刺史毛德祖亲自率兵镇守着这军事要塞。毛德祖是荥阳阳武人,兄弟五人都从北方南渡。毛德祖"有武干",在东晋为将,屡建军功,在宋武帝刘裕时,以功赐爵灌阳县男,官为督司雍并三州诸军事,冠军将军、司州刺史。

魏兵到虎牢城下时,毛德祖率兵迎战,多次打败魏兵,迫使魏兵先退屯土楼,再退屯滑台。见此情况,拓跋嗣便派大将于栗磾率兵三千屯河阳(今河南孟县西),谋取金墉(今河南洛阳东),以分宋兵之势。毛德祖为防止魏兵从东西两路夹击虎牢,便派窦晃率兵在黄河南岸抵御于栗磾。十二月,于栗磾和奚斤节渡河大败窦晃。与此同时,拓跋嗣又派出多支部队,连取宋在北方的各州县。这样,虎牢形势愈加险恶。但是,毛德祖仍坚守虎牢,同北魏大将公孙表等多次交锋，杀伤魏军百余人，迫使魏军退保营塞。

十二月二十日，北魏大兵又逼进虎牢，次日，宋命檀道济等前往救援。

景平元年正月，金墉失守。三月，北魏奚斤节与公孙表等协力攻虎牢，拓跋嗣又遣兵相助。毛德祖便在城内挖地道，深入地内七丈，这六条地道一直挖出城，至魏兵围外。然后，组织四百敢死壮士，参军范道基率二百人为前驱，参军郭玉符、刘规等率二百人于后，从地道出城，在魏兵后面杀出，魏军阵容顿时大乱，斩杀数百魏兵，焚毁了魏兵攻城的器械。但是北魏很快又集合士兵，再次围困虎牢。

当奚斤节率三千骑兵从虎牢去攻颍川（治所阳翟，今河南禹县）时，毛德祖趁魏兵减少的机会，出兵与公孙表大战，"从朝至晡，杀魏兵数百。"毛德祖所率宋兵眼看将要取胜，这时奚斤节攻取颍川而还，便与公孙表

郎世宁《聚瑞图》

"合围，德祖大败，失甲士千余人，退还固城"。毛德祖虽败，但坚守虎牢之心不息。他退回城后，加固防守，以待援兵，使北魏一时无法攻破。

奉命救援司州、青州（治所东阳，今山东益都）的檀道济，兵至彭城（今江苏徐州），由于兵少，无法分兵同救二处，便先救兵力较弱、离彭城较近的青州。这样，虎牢的险局一点不减。北魏拓跋嗣便亲率大军进攻虎牢，由于毛德祖防御有方，打退了攻城的魏兵，保住了虎牢。拓跋嗣攻城不下，便回洛阳，让奚斤节等继续围攻虎牢。

面对强敌，而救兵不到，毛德祖临危设计，决定离间敌军，削弱敌军攻城力量。毛德祖在北方时与有权略的北魏大将公孙表有旧，便借旧识而与公孙表交通音问，暗中又派人告诉北魏另一大将奚斤节，说自己已同公孙表合

谋了。每次给公孙表写信，都在上面多处涂改，像是公孙表自己涂改的。公孙表接到毛德祖的信，便给奚斤节看，以示自己无私情。而奚斤节越看越怀疑，认为是公孙表有鬼。把要害处涂改了给自己看，便把公孙表与虎牢毛德祖串通之事报告拓跋嗣，结果公孙表被杀。攻击虎牢的魏军少了一位有智谋的大将。

公孙表死后，拓跋嗣又让叔孙建率兵与奚斤节一起攻虎牢。闰四月，虎牢被围已二百天，几乎"五日不战，劲兵战死殆尽，而魏增兵转多"。魏兵攻毁虎牢的外城，毛德祖便在里面又筑起三重城，来抵御魏兵。魏兵再次进攻，又毁坏二重城，毛德祖仍保住一城，不分日夜坚守拒敌。由于"昼夜相拒，将士眼皆生创，死者太半。德祖恩德素结，众无离心"。

虎牢形势已十分危急，但是奉命救援的宋将檀道济军于湖陆（今山东鱼台东南）、刘粹军于项城（今河南沈丘）、沈叔狸军于高桥，"皆畏魏兵强，不敢进"。闰四月二十一日，"魏人作地道以泄虎牢城中井，井深四十丈，山势峻峭，不可得防；城中人马渴乏，被创者不复出血，重以饥疫"。水源被切断，防守更为困难。魏军不断猛攻，终于在二十三日城被攻破，当时，将士要扶毛德祖出奔，毛德祖说道："我与此城并命，义不使此城亡而身在也。"拓跋嗣很看重毛德祖为国守土之大节，下令不许杀害毛德祖，毛德祖最后力屈被俘。守城将士只有二百人突围南去。魏军为攻城战死、疫死者占十分之二三。

张四山宁死不降

张嵊，字四山，吴郡吴人。祖父张永，南朝宋之征北将军，父亲张稷，由齐至梁，任侍中、尚书左仆射，为青州（治所郁州，今江苏连云港东云台山一带）刺史时，被州人徐道角等袭杀。张嵊"少方雅，有志操"，州举秀才，历任秘书郎、太子舍人、太子洗马、司徒左西椽、中书郎、永阳（在今湖南道县）内史、寻阳太守。梁武帝中大同元年为太府卿，不久，迁吴兴（治所乌程，今浙江吴兴）太守。

太清二年八月，侯景反叛，随后兵围京城建康（今江苏南京）。张嵊当即派弟弟张伊率领吴兴郡兵数千人赴京，以救援朝廷。第二年，侯景攻陷宫城，御史中丞沈浚东归故里吴兴。五月，张嵊便去见沈浚，商议起兵讨逆之事。他对沈浚说："贼臣凭陵，社稷危耻，正是人臣效命之秋。今欲收集兵力，保护贵乡。若天道无灵，忠节不展，虽复及死，诚亦无恨"。表明了自己誓死抗击侯景叛逆的决心。沈浚很是赞同，认为吴兴城虽然不大，但是太守能仗义抗拒凶逆，人们都会追随效法的。

得到沈浚的支持，张嵊便开始作抗拒侯景的准备，他召集士兵，修缮吴兴城垒。这时，逃奔到钱塘（今浙江杭州南）的萧梁宗室邵陵王萧纶听说张嵊忠于梁朝，备战抗侯景，便板授张嵊为征东将军，加秩中二千石。张嵊认为，现在朝廷危急，天子蒙尘，在这种情况下，怎么可以再接受荣誉的官号呢？他只是将板留下而已。

侯景的大将刘神茂兵破义兴（今江苏宜兴），并遣使者劝说张嵊："若早降附，当还以郡相处，复加爵赏"。张嵊当即下令斩其使者，派遣大将王雄率兵迎击，打败刘神茂，逼迫刘神茂退兵。

侯景闻讯后，于八月初一命中军都督侯子鉴率精兵2万，协同刘神茂进攻吴兴。

吴兴兵力极弱，人们认为，张嵊是一介书生，又不懂军事，吴兴城难以抵御侯景派遣来攻城的众多精兵。有人劝张嵊投降侯景，并以吴郡（治所今江苏苏州）太守袁君正以郡降侯子鉴之事来动摇其心，张嵊感叹地回答说：袁家世代对国家忠贞，不意袁君正使袁家名声毁于一旦。接着，他严肃地说："吾岂不知吴郡既没，吴兴势难久全；但以身许国，有死无贰耳！"再次表明身己忠于国家、以死报国的决心。

九月初一，侯子鉴率兵到达吴兴城外，与刘神茂合力进攻，张嵊派大将范智朗率众出城西拒战，被刘神茂击败，退回城。侯子鉴与刘神茂乘胜冲至吴兴栅垒，以火焚栅，吴兴士兵土解，吴兴城被攻破。

张嵊见城已破，便回到郡守衙门，换下戎服，穿上官服，端坐于大厅，准备为国殉节。侯子鉴的士兵进入官衙，见张嵊正襟危坐，面无惧色，便以刀架其颈，张嵊不为所屈。侯了鉴逼迫张嵊投降，张嵊始终不动摇。于是他便把张嵊押送建康。

侯景"嘉其守节，欲活之"。张嵊早已视死如归，他对侯景说道：我受命守城，朝廷倾危，却不能匡复，现在只有一死以报国家了。侯景提出给张嵊留下一个儿子，张嵊坚定地拒绝道："吾一门已在鬼录，不就尔虏求恩！"

表示决不要敌人的宽恕。侯景见张嵊如此强硬，大怒，命将张嵊推之都市杀死，同时遇害的有张嵊子弟十余人。

平定侯景之乱以后，梁王朝追赠张嵊为侍中、中卫将军、开府仪同三司，谥曰忠贞子。史臣赞扬张嵊满门临危抗敌，"捐躯殉节，赴死如归，英风劲气，笼罩今古"。

卢怀慎官声斐然

卢怀慎，唐滑州灵昌人。举进土，历任监察御史、吏部员外郎。神龙中，调任侍御史。景龙中，又调任右御史台中丞。

卢怀慎上疏陈时政得失。他指出："近来州牧、上：佐及两畿县令，上任布政，罕终四考。在任多者一二年，少者三五月，便升迁，不管考核成绩的好坏。或有历日才未改，便倾耳而听，企踵而望，争求冒进，不顾廉耻，哪里顾得上为陛下宣风布化，访求百姓的疾苦呢！礼义未能兴行，风俗未能齐一，户口所以流散，仓库所以空虚，百姓凋弊，日甚一日，官员如此。为什么呢？人们知道官吏不能长久，就不听从他的教导；官吏知道升千不会遥远，又不尽其力，偷安爵禄，只养资望。陛下虽有勤劳之心，宵衣旰食，然侥幸路启，上下相蒙，共为苟安而已，哪里还能全心全意为公呢？这就是国家的弊病。……臣请诸州都督、刺史、上佐及两京畿县令等，在任未经四次考核以上，不许升迁调任。察其考课尤异的人，或锡以车裘，或就加俸禄。或降使临问，并玺书慰勉。若公卿有阙，则擢以劝能。其政绩无闻及犯贪暴者，免归田里。以明圣朝赏罚之信，则四方的人，会大大改观。"当时京城诸司员外官数十倍于古，这些人"皆一时之良干，擢以才不申其用，尊以名不任其力，以前用人，难道是这样吗？臣请才堪牧宰、上佐，并以迁授，使宣力四方，责求治状。有老病若不任职的，一并废省，使贤不肖确然分明，这是当前迫切的任务。"他接着指出：

"内外官有贿赂狼藉，割剥蒸人，虽坐流黜，俄而官复原职，还为牧宰。……臣请因贪赃论废者，削迹不数十年，不赐录用。"他的奏疏，皇帝没有予以答复。后来，被任命为黄门侍郎、渔阳县伯。

开元元年，卢怀慎升任同紫微黄门平章事。三年，改任黄门监。薛王李业的舅舅王仙童侵害百姓，遭到御史的弹劾。李业出面为之请求赦免，诏下紫微、黄门进一步核实。卢怀慎与姚崇上奏："仙童罪状明白，御史所言无所冤枉，不可赦免。"于是狱决，"贵戚束手"。

卢怀慎为人谦虚，与紫微令姚崇对掌枢密，自以为吏道不如姚崇，每事皆推让之，所以当时的人称他为"伴食宰相"。对此，司马光在《资治通鉴》中有段评述是较为公允的。他说："姚崇是唐朝的贤相，卢怀慎与他同心协力，共同成就了唐明皇太平盛世的基业，对他有什么可责备呢！《尚书·秦誓》上说：'如果能有这样的一位忠臣，忠厚诚恳，虽没有什么本领，但他心地宽厚，能够容人容物。别人有本事，就好像是自己的本事一样；别人才能出众，他能做到不仅常常称道，而且从内心真正喜欢这个人。这样宽宏大量的忠臣，是能够保住我们的子孙和臣民的幸福，也是可以为我的子孙臣民造福的啊。'"

李成《晴峦萧寺图》

开元四年，卢怀慎兼吏部尚书。秋，病重，屡次上书请求退休。十一月，玄宗李隆基准其请。不到十天而卒、赠荆州大都睿、谥文成。监终遗表，举荐李杰、李朝隐、卢从愿四人。称赞他们是不可多得的出众人才，恳请加以重用。

卢怀慎历中宗、睿宗、玄宗三朝，一向注重官德。他清廉谨慎，生活节俭朴素，从不经营资产。虽贵为卿相，常将所得俸禄和赏赐随手周济亲朋故旧，而他的妻子儿女的生活不免于饥寒，他们住的房子因年久失修而不蔽风雨。他家中只有破旧竹席和草垫，门上连竹帘子都没有。每当刮风下雨，便拿着席子遮挡。每天晚上吃饭，不过蒸豆两碗、蔬菜数盘而已。他穿的衣服和用的器具没有金玉文绮之饰。开元元年，卢怀慎奉命去东都洛阳主持选才授官，随身用具只有一个布袋。不认识他的人，根本看不出他是个大官。及其病逝、家无余财，唯有一老仆，请求将自己卖掉换钱为他办理丧事。他的夫人崔氏曾说："卢怀慎清廉节俭，缓进而谦退，四方赂遗，毫发不留。"四门博士张星上言："卢怀慎忠厚清廉，始终坚持正道，如不加丰厚赏赐，不能劝善。"于是唐玄宗下令赐其家绸缎百段，米粟二百斛。

开元六年冬，一天，玄宗去城南打猎，远远望见卢怀慎家，残垣断壁，及询问方知正是卢怀慎去世二周年的纪日。玄宗怜悯他家贫困，赐绢百匹。玄宗不去打猎，经过卢怀慎的墓地，只见碑表未立，停车临视，泫然流涕。下诏让官府为他立碑，唐玄宗亲自书写。此碑称为廉洁碑。

孙揆骂敌遭刺杀

大顺元年五月，唐昭宗命宰相张浚为河东行营都招讨制置宣慰使、京兆尹孙揆为副使，与朱全忠、李匡威等一起讨伐沙陀李克用。正在这时，李克用所辖昭义节度使李克恭，在兵变中被杀，昭义叛李克用而归附朱全忠。唐朝廷为控制昭义，便于六月命孙揆为昭义节度使、充招讨副使。

昭义归附朱全忠后，李克用即命大将李存孝率兵包围潞州。七月，朱全忠派大将葛从周率兵进入潞州，同时请唐昭宗让孙揆去潞州上任。张浚怕昭义被朱全忠占有，便分兵三千，护孙揆去潞州赴任。

孙揆，字圣圭，博州武水人，进士及第之后，历任户部巡官、中书舍人、刑部侍郎，龙纪元年为京兆尹。

唐昭宗派出中使韩归范赐旌节于孙揆。于是孙揆与韩归范一起于八月初二从晋州动身。李克用的大将李存孝探得消息后，便伏兵三百于长子西谷之中。长子靠近潞州，是从晋州到潞州的必经之处。孙揆"建牙杖节，褒衣大盖，拥众而行"。到达西谷附近时，李存孝率兵突出，轻而易举地俘虏了孙揆、韩归范和牙兵五百名。李存孝追击其余唐军于刁黄岭，将他们全部杀死。

孙揆被押送到李克用处，李克用想招降孙揆，便派人劝诱道："公辈当从容庙堂，何为自履行阵也？"并表示，只要孙揆归顺李克用，便可为河东副使。孙揆当即回绝，他说道："吾天子大臣，兵败而死，分也，岂能伏事镇使耶！"并"大骂不诎"。

李克用恼羞成怒，下令将孙揆用锯锯杀。孙揆毫无惧色，他斥责李克用背叛朝廷，是不忠不义之人。李克用部下用锯锯孙揆，结果"锯不能人"。孙揆骂道："死狗奴！锯人当用板夹，汝岂知耶！"行刑者便以板夹孙揆，然后将他锯死，孙揆"詈声不辍至死"。

孙揆被俘之后，拒不降敌，表现出爱国主义的高风亮节。敌人高官利诱，他毫不动心，死亡威胁，他视之如归。在唐王朝行将覆亡之际，孙揆的爱国主义精神，依然放射出耀眼的光芒。

查然廉洁不从众

查道，字湛然，宋歙州休宁（今属安徽）人。自幼沉稳聪明，寡言少欢，喜爱写作，不足二十岁就以词著称。

端拱元年，举进士名列前茅，被任命为馆陶县尉。曹彬镇守徐州，聘请查道为从事，深受礼遇。寇准也很欣赏他的才华，推荐他为著作佐郎。淳化四年，王小波等起义，朝廷任命查道为遂州（今四川遂宁）知州。至道二年，朝廷从两川回来的使者那里获悉查道为官"公正清洁"。下诏予以褒奖。不久，调任秘书丞、果州（今四川南充市北）知州。当时起义军的主力虽然被镇压下去，但尚有二百余人，依险筑栅，准备顽抗。皇帝下诏招之不下，众议请发兵歼灭之。查道说："他们是一伙愚昧的人，因惧怕治罪，只不过欲延命须臾而已。其中难道没有被连累的吗？"他不同意发兵围剿，残害生灵。于是，他身穿便服，骑一匹马，带几名仆从，不拿兵器，深入密林沟壑之处百里，直奔他们的住所。开始，他们皆惊慌畏惧，个个张弓瞄准查道待射。查道神色自若，坐在用绳子绑的床上，不慌不忙地说明来意。有人认识他，说："他是郡守，曾经听说他是一位仁爱之人，哪里是害我们的人。"于是他们立即纷纷扔下兵器，下拜请罪。查道既往不咎，"悉给券归农"。由于他的果敢行动，使二百多人避免葬身于沟壑之中。

咸平四年，查道上书说：现在很多官吏不秉公办事，贪赃枉法。转运使和副使不能只限于审查钱谷，还应该考察郡县的官吏是否清廉。不这样做就不能惩恶劝善。希望今后每个转运使回朝时，先令陈述任内曾荐举才识者多少，奏黜贪猥者多少，朝廷议其善恶，以定赏罚。宋真宗同意他的意见，从而成为考察官吏的一个重要渠道。

天禧元年，查道由于不善于处理繁杂的政务，加上耳聋难于应付皇帝的提问，于是上表要求调出朝廷，被任命为虢州（今河南灵宝）知州。该州蝗灾，查道不等上报朝廷，就决定拿出官仓粮食救济灾民。又设粥糜拯救饥民，发给受灾农民麦四千斛作为种子。由于查道救灾及时有力，使一万多人免于死亡。次年五月，查道病逝。

查道为官清廉与他平常个人修养是分不开的。一次，查道外出视察工作，路旁枣树上挂满了又酸又甜的大枣，随从们看见垂涎欲滴，不约而同的伸手摘了许多枣送给查道。当时树的主人不在，可枣已摘下，于是他只好按照市场上的价格"挂钱于树而去"。

查道自幼同情贫苦的人，尤其是那些孤独无人照管的人。他做官，居住在京师，可他家中却很贫穷，原因是家中经常养着许多孤独无依的亲族。他的"禄赐所得，散施随尽，不以屑意。"愈是贫穷、无人与之交往的人，他却"待之愈厚"。

早在查道赴京应试时，家中贫穷，没路费进京，亲族们聚集了三万钱送给他作路费。当他途经其父的朋友吕翁家，恰逢吕翁刚刚病故，家中贫穷无法埋葬。死者的兄长准备将女儿卖掉来办理丧事。查道知道后，毫不犹豫地倾囊相助。后来又为其女选择了配偶，并出资购买嫁妆帮她完了婚事。还有，查道一个好友死了，家中甚贫，生前将自己的女儿典押于人。查道知道后，出钱将她赎回，并将她许配一个士族家的贵公子。查道的上述行动，使当时的缙绅佩服不已。

查道一向以助人为乐，他自己的生活十分节俭，平常大多吃些蔬菜，甚至有时一天只吃一顿饭，静坐终日，服用和玩赏的物品极其简陋。

公孙袭劝主施德

魏国国君外出打猎，看到前面有一群白雁，国君走下车来，拈弓搭箭就要射击。路上有个行人，国君让他站住，那人却置之不理，照走不误，结果惊飞了白雁。国君大怒，就瞄向那个行人，想把他射死。给他驾车的公孙袭连忙跳下车握住箭头说："大王快住手。"国君更加恼怒，黑着脸大骂："好你个公孙袭！你不向着你的君王，却向着别人，吃里爬外，你想干什么？"

公孙袭回答："大王息怒，容我解释。想当初齐景公统治齐国，老天滴水不下，大旱三年。景公去占卜，得到的回答是：'一定得杀死一个人，用他来祭天，才会降雨。'景公走下堂来，磕头说道：'我祈求老天下雨，本来是为了我的百姓。如果现在一定要让我用人作祭品，杀了他祭天才肯下雨的话，我情愿当这个祭品。'话音未落，大雨滂沱而下，千里赤地得降甘霖。这是什么原因呢？这是因为景公顺应天意，为百姓造福。现在大王您却因为一只白雁而去杀人，我公孙袭认为大王这样做和豺狼虎豹没什么两样。"国君听了这番话十分惭愧，他拉着公孙袭的手上了车。回到宫中，一进太庙的门，国君就高呼万岁，深有感触地说："我今天实在是太幸运了！别人出去打猎都带猎物回来，我今天却猎获了有益的教导回来了。"

夏侯婴侠义风骨

夏侯婴是刘邦的小同乡，也是沛县人，两人从小就很要好。当刘邦担任泗水亭亭长的时候，夏侯婴也在沛县当司马，专门替县府的官员赶马车、送客人。

他每次送客人经过泗水亭时，一定去找刘邦聊天。两人对喝一壶老酒，谈得津津有味，往往谈到太阳都快落山了，还一点也不觉得。

夏侯婴是个很上进的年轻人，平日除了驾车外，时时不忘读书充实自己。因此有一天，他接到命令——升为县史。夏侯婴高兴得立刻驾马车赶到泗水亭，告诉刘邦这个天大的好消息。

刘邦也很为好朋友开心，他笑着推夏侯婴一把道："好小子，有你的！"由于用力过猛，竟使夏侯婴后退几步，撞到重物，而且还受了轻伤。

有个热心的过路人看到了，一状就告到县老爷那儿，说刘邦打人。刘邦平日品行不端，早有伤人的前科，如果再以殴人获罪，一定要判很重的刑罚，所以夏侯婴极力为他脱罪，使刘邦免受牢狱之灾。

可是，原检举人不服气，明明刘邦是打人嘛，于是又一状再告上去。而查清楚了夏侯婴确实有受伤，这等于说夏侯婴是做了伪证，因而受到重罚，挨了一百大板，被关了一年牢，县吏的官也丢了。然而，夏侯婴始终没说过一句不利于刘邦的供词，可见得此人颇有侠义风骨。

以后，刘邦起事反秦，夏侯婴始终跟着他，每战必胜。由于驾车是夏侯婴的看家本领，所以也经常亲自为刘邦赶车。

彭城之役，项羽大获全胜，刘邦落荒而逃，远远看到一队兵马，以为是楚兵追上来了，赶紧闪到树林里去。等到兵马走近，仔细一看，原来是夏侯婴，高兴得跳上了车子。

一路上，许多人民狼狈逃难。忽然间，眼尖的夏侯婴嚷道："咦，难民中有两个小孩，好像是大王的孩子。"

刘邦一看，果然就是，夏侯婴急忙停车，把一男一女抱上来。原来他们俩是跟着祖父、母亲一块儿逃命，不幸半路被冲散了，幸亏遇上了刘邦，父子都又惊又喜。

就在这时刻，大队楚兵赶上来。

刘邦大叫："快跑！"

于是，夏侯婴一挥马鞭往前奔去，眼看着楚兵快要追上了，刘邦惟恐车重走不快，狠下心就把两个孩子推下车。夏侯婴见了，立刻停车把他们抱回车上。刘邦再一脚把小孩踢下去，夏侯婴又把他们抱上来，一左一右抱着自己，像合抱一棵大树般。刘邦气极了，大骂夏侯婴道："现在是什么时候了，难道还要管小孩吗？这不是找死！"

夏侯婴说："这是你的亲骨肉，怎么可以扔掉呢？"

刘邦懊恼极了，说："你再抗命，我就杀了你。"

夏侯婴还是不理会，刘邦更气了，拔出剑来挥了过去，夏侯婴躲闪开来，却发现两个小孩又被踢下去，索性叫别人来驾车，他自己抱着两个吓得半死的孩儿跳上一匹马，捡回了两条小生命，一起逃出了楚兵的重围。

朱晖忠义好节概

朱晖，南阳宛人。"早孤，有气决"。十三岁时，王莽败亡，天下大乱，他和外祖母等从田间往宛城跑，在路上碰上一伙强盗持刀抢劫妇女。"昆弟宾客皆惶迫，伏地莫敢动"。朱晖独拔剑向前，说："财物皆可取耳，诸母衣不可得。今日朱晖死日也！"这伙强盗佩服他的胆量，"遂舍之而去"。

朱晖的父亲曾和光武帝刘秀同学，因此朱晖刚进入青年时代即被召为郎。后来他卒业于太学，相继做过卫士令、临淮（今江苏泗洪东南）太守，以"进止必以礼"受人称赞。

朱晖为人"性矜严""好节概"。他的同乡张堪素有名气，曾在太学和他相见，对他像老友一样敬重。张堪拉着他的胳臂说：想把我的妻儿托付给您。朱晖觉得张堪是年长的前辈，拱了拱手，没敢说话。之后也再没有见过面。张堪死后，朱晖听说他的妻儿生活贫困，就亲自去看望，并送给她们很多钱粮衣物。朱晖的儿子很奇怪：您和张堪不是朋友，从来没听您说过他，为什么要周济他的妻儿？朱晖说："堪尝有知己之言，吾以信（许诺）于心也"。朱晖同郡还有个朋友陈揖，下世很早，留下一个遗腹子叫陈友，朱晖很可怜他。后来司徒桓虞做南阳太守，提拔朱晖的儿子朱骈当属吏。朱晖觉得陈友生活困难，就建议桓虞提拔陈友而辞退朱骈，桓虞叹息着答应了，时人都称赞朱晖"义烈"。他官至尚书仆射、尚书令，以强直刚介闻名。

第三篇　治学卷

咀嚼菜根

君子壹教　弟子壹学

【原文】　君子壹教，弟子壹学，亟成。

【译文】　君子专心致志地教，弟子专心致志地学，学问就能迅速完成。

书痴文工　艺痴技良

【原文】　性痴，则其志凝；故书痴者文必工，艺痴者技必良。一世世落拓而无成者，皆自谓不痴者也。

【译文】　一个人，如果极度迷恋于某一事物，那他的志向必然专注；所以迷恋于读书的，必然善于写文章，迷恋于学习技能的，必然会练就一身手艺——世界上那些放浪散漫一事无成的人，都是自称不痴的人。

为山九仞　功亏一篑

【原文】　夙夜罔或不勤，不矜细行，终累大德，为山九仞，功亏一篑。

【译文】　从早到晚，不能有不勤奋的时候。不慎小德终将损害大德。譬如堆垒九仞高的土山，只差一筐土，还是不算完成。

敏事慎言　有道正焉

【原文】　子曰："君子食无求饱，居无求安，敏于事而慎于言，就有道而正焉，可谓好学也已。"

【译文】　孔子说："君子吃饭不求饱足，居住不求安适，办事情勤劳敏捷，言谈时小心谨慎，在学业上有弄不清的地方，向有学问的人请教，这样，就可以说是好学了。"

学如不及　犹恐失之

【原文】　子曰："学如不及，犹恐失之。"

【译文】　孔子说："做学问好像追赶什么东西似的，生怕追不上；追上了，又怕丢掉了。"

未成一篑　贵履一篑

【原文】　子曰："譬如为山，未成一篑，止，吾止也。譬如平地，虽履一篑，进，吾往也。"

【译文】　孔子说"好比积土成山，只要再加一筐土就成山了，如果懒得做下去，这是我自己停止的。又好比在平地上堆土成山，纵然是刚刚倒下一筐土，但如果决心努力向前，就一定能勇往直前。"

敏而好学　不耻下问

【原文】　敏而好学，不耻下问，是以谓之文也。

【译文】 聪明机智，爱好学习，又谦虚下问，不以为耻，这种人可以称做文人。

智而问圣　勇而问胜

【原文】 文王智而好问，故圣；武王勇而好问，故胜。

【译文】 周文王聪明而喜欢向人请教，所以成为圣人；周武王勇敢而喜欢向人请教，所以常打胜仗。

释己之疑　明己未达

许道宁《关山密雪图》

【原文】 所以观书者，释己之疑，明己之未达。每见每知所益，则学进矣。

【译文】 读书是用来解释自己的疑惑的，弄清自己尚不明了的问题。每读一次书都能有所收获，这样学问就进步了。

不疑有疑　方是进矣

【原文】 于不疑处有疑，方是进矣。

【译文】 在看似无疑之处发现疑问，学问就进步了。

学则须疑　行路须问

【原文】　在可疑而不疑者，不曾学。学则须疑，譬之行道者，将之南山，须问道路之〔出〕，若安坐，则何尝有疑。

【译文】　对应该质疑的地方而不质疑，等于没有学。学习就是应该提出疑问，比如行路的人，准备去南山，一定要问路往哪里走，如果安逸地坐着不动，那怎么会产生疑问呢？

义理有疑　去旧求新

【原文】　义理有疑，则濯去旧见以来新意。心中苟有所开，即便札记。不思，则还塞之矣。

【译文】　如果对义理有疑问，那么就坚决摒除旧见，力图寻求新见。心中如果有所领悟，立刻就记下来。如果疑而不思，那么所疑仍旧不明白。

大疑大进　自觉未足

【原文】　平日功夫须是作到极时，四边皆黑，无路可入，方是有长进处。大疑则可大进，若自觉有长进，便道我已到了，是未足以为大进也。

【译文】　平日做学问，功夫应当做到极点，一直到四边皆是疑团，再也无法深入下去，这样才正是有进步。有大的疑问，学问就会有大的进步。如果自己感到有进步，便说我已经达到目的了，这不能看作是有大的进步。

无疑有疑　有疑无疑

【原文】　读书无疑者，须教有疑。有疑者却要无疑，到这里方是长进。

【译文】　读书如果没有疑问，一定要发现疑问。发现了疑问还要解决疑问，到了这一步学问才算是有了长进。

都无所疑　方始是学

【原文】　读书始读，未知有疑。其次则渐渐有疑。中则节节是疑。过了这一番后，疑渐渐解，以至融会贯通，都无所疑，方始是学。

【译文】　读书刚开始时，不晓得有什么疑问，读了一部分就渐渐产生疑问。读到中间就节节都有疑问，经过一番思索，逐渐解决了疑问，以至于融会贯通，完全没有疑问了，这才算是读书治学。

学患无疑　疑则有进

【原文】　为学患无疑，疑则有进。

【译文】　读书治学怕就怕发现不了疑问，发现疑问，学业就会长进。

大疑大悟　不疑不悟

【原文】　小疑则小悟，大疑则大悟，不疑则不悟。

【译文】　小有疑问则小有领悟，大有疑问则大有领悟，没有疑问则没有领悟。

不疑人疑　疑人之疑

【原文】　善疑者，不疑人之所疑，而疑人之所不疑。

【译文】　善于质疑问难的人，不去怀疑人家已有的疑问，而是怀疑人家尚未发现的疑问。

不能问者　学必不进

【原文】　古人学问并称，明均重也，不能问者，学必不进。

【译文】　古人把学和问相提并论，看得同样重要；如果不能常发疑问，他的学习也就不能进步。

学贵心悟　守旧无功

【原文】　学贵心悟，守旧无功。

【译文】　学习重要的是能够领悟，因循守旧是不会取得成效的。

去浊清出　除旧见新

【原文】　学者不可只管守从前所见，须除了方见新意。如去了浊水，然后清者出焉。

【译文】　做学问的人不能因循前人见解，必须摒除旧见，才能发现新的意义。这好比去掉了混浊的水，清冽的水就会流出来一样。

为学之人　自树其帜

【原文】　学者当自树其帜。

【译文】　学者应努力在前人的基础上，有所进步，自创新说。

胸中书味　恰似陈酒

【原文】　书味在胸中，等于饮陈酒。

【译文】　心里体会到书中的意味，那甜美的滋味胜过于饮陈年老酒。

顾麟士《张琴和古松》

读书之人　毋为书蠹

【原文】　愿告当世读书人，毋为空作书中蠹。

【译文】　说明读书人不能死啃书本，而要联系实际加以运用。

不厌百读　深思自知

【原文】　旧书不厌百回读，熟读深思子自知。

【译文】　旧书读一百遍也不厌烦，熟读深思，你自然会领悟书中的意旨。

为学之道　必本于思

【原文】　为学之道，必本于思。思则得知，不思则不得之。

【译文】　学习必须以思考为根本，思考就能得到知识，不思考就得不到知识。

多阅好忘　理未精耳

【原文】　书多阅而好忘者，只为理未精耳。

【译文】　读书很多却记不住，是因为没有充分领会书中意旨。

善读书者　日攻日扫

【原文】　善读书者，日攻日扫。攻则直透重围，扫则了无一物。

【译文】　善于读书的人，讲深入钻研，讲广泛学习。深入钻研，就能攻破一个又一个难关：广泛学习，就明白道理。

学者工夫　须极细密

【原文】　学者工夫；须要极细密，越细密越广大。

【译文】　学者的工夫在于要特别精细周密，越是精细周密就越博大精深。

开卷疾读　日勤无益

【原文】　开卷疾读，日得数十卷，至老死不懈，可日勤矣，然而无益。此有说也，疾读则思之不审，一读而止，则不能识忆其文，虽勤读书，如不读也。

【译文】　翻开书就飞快地阅读，即使一天读几十卷，一至到老死时也不懈怠，可以说是勤学的了，但是毫无用处。这样说是有根据的，书读得过快便思考得不细，读一遍就过去，就不能记住书的内容，这样读书尽管勤苦，如同不读一样。

博学笃志　切问近思

【原文】　子夏曰："博学而笃志，切问而近思，仁在其中矣。"

【译文】　子夏说："广泛地学习，坚守自己的志向；恳切地询问，多考虑当前的问题，仁德就在这中间了。"

博学详说　以反说约

【原文】　孟子曰："博学而详说之，将以反说约也。"

【译文】　孟子说："广博地学习，详细地分析，就能以简约的方式把握所学内容的主旨大意。"

日参省己　知明无过

【原文】　君子博学而日参省乎己，则知明而行无过矣。

【译文】 君子只要广泛地学习知识，并且能经常注意反省自己，那么他就会变得聪明，而行动上也不会犯错误了。

多闻曰博　少闻曰浅

【原文】 多闻曰博，少闻曰浅。多见曰闲，少见曰陋。

【译文】 多听使人广博，少听使人肤浅；多见使人精深，少见使人浅薄。

齐王食鸡　食跖数十

【原文】 善学者，若齐王之食鸡也，必食其跖数十而后足。

【译文】 善于学习的人，就像齐王吃鸡一样，一定要吃到几十个鸡爪才满足。（比喻治学应当兼取众家之长）。

八大山人《安晚册》

多见者博　多闻者知

【原文】 多见者博，多闻者知，拒谏者塞，专己者孤。

【译文】 见得多的人知识渊博，听得多的人有智慧，拒绝别人的劝说的人耳目闭塞，只相信自己的人必然孤陋寡闻。

博览多闻　学问习熟

【原文】　博览多闻，学问习熟。

【译文】　广泛地观察和听取，就能使学问精通。

博学切问　所以广知

【原文】　博学切问，所以广知。

【译文】　广泛地学习，恳切地求教，所以才有丰富的知识。

惟读经书　不足知经

【原文】　读经而已，则不足以知经。故某自百家诸子之书，至于《难经》、《素问》、《本草》、诸小说，无所不读；农夫女工，无所不问。然后于经为能知其大体而无疑。

【译文】　仅读经书，并不能够通晓经书的意义。所以我从百家诸子的书，乃至于《难经》、《素问》、《本草》和许多小说，没有不读的；农夫和女工，没有不向他们求教的。然后对于经书算是能知道它的大体而没有疑难了。

儒者学兵　精究不倦

【原文】　徐有贞好习兵法及刑名、水利诸家言，于天文、风角、占验，尤精究不倦。人或谓公："职业在文字事此奚为？"徐笑曰："此孰非儒者事？使朝廷一日有事用我辈而后习之，则已晚矣。"

【译文】　徐有贞喜欢研究兵法、刑名及水利这些学问，对于天文、占候与占卜应验之术更是精心探求、孜孜不倦。有人对他说："您的职业是从事文字工作，为何要学习这些呢？"徐有贞笑着说："这些哪一种不是我们儒生应该了解的知识？假使朝廷有一天遇到情况，需要我们出力，再来学习那就晚了。"

欲速不达　见小失大

【原文】　子曰："无欲速，无见小利。欲速则不达，见小利则大事不成。"

【译文】　孔子说："不要只图快，不要贪小利，只图快反而达不到目的，贪求小利就办不成大事。"

幼者学习　听而弗问

【原文】　幼者听而弗问，学不躐等也。

【译文】　年幼的学生只许旁听，不必提问，为的是考虑他们的接受能力，使其循序渐进。

此意求之　勿生余念

【原文】　卑意欲少年为学者，每一书皆作数过尽之。书富如入海，百货皆有。人之精力，不能兼收尽取，但得其所欲求者尔。故愿学者每次作一意求之，如欲求古今兴亡治乱，圣贤作用，但作此意求之，勿生余念。又别作一次，求事迹故实，典章文物之类，亦如之。他皆仿之。此虽迂钝，而他日学成，八面受敌，与涉猎者不可同日而语也。甚非速化之术，可笑可笑。

【译文】　按照我的想法，少年时学习的人，每读一本书都要读上几遍把它读完。书的丰富就像进入大海里一样，什么东西都有。人们的精力是有限的，不能够什么知识都能学得到，只能就自己所喜欢的东西学到手罢了。所以立志求学的人，每次只能就一个方面的内容进行学习，例如想学习古今兴亡治乱的道理，圣贤们的作为，只能在这个内容范围内学习，不要产生其他方面的念头。（这个学习好了）另外想学其他知识时，例如学习事迹故实、典章文物一类的东西，也和上边所说的一样。学习其他的东西，也要仿效这个去做。这样进行学习看来虽然笨拙，而有朝一日学习好了，即使四面八方遭到论敌的围攻，也和那些博览而不精的人不能相提并论。学习尤其不可采取迅速精通的办法，这种办法是十分可笑的。

循序渐进　熟读精思

【原文】　读书之法，在循序而渐进，熟读而精思。

【译文】　读书的方法，就是按照次序，逐步深入；反复阅读，专心思考。

始当求入　终当求出

【原文】　读书须知出入法，始当求所以入，终当求所以出。

【译文】　读书要懂得能出能入的方法，起先是要钻进去，了解其意旨；后来是要钻出来，不盲目信书，说明读书不仅要了解其精旨，更要独立思考。

只看语言　学无长进

【原文】　学者不自着实理会，只管看人口头言语，所以不长进。

【译文】　学习不能长进的原因在于，自己不动脑筋理会书中的要旨，只是人云亦云。

文章自得　方为可贵

【原文】　文章自得方为贵，衣钵相传岂是真？

【译文】　做文章应该自己见解才算可贵，因袭模仿算什么真才实学？

徒事华藻　所取有限

【原文】　学未有得，徒事华藻，若持钱买水，所取有限。

【译文】　读书不能领会其中精髓，而只注意华丽辞藻，这好比用钱买水，所得是有限的。

学问之道　自用为真

【原文】　学问之道，以各人自用得着者为真；凡依门傍户，依样画葫芦者，非流俗之士，则经生之业也。

【译文】　学问之道，以各人自己用得着的为真切；凡是那些缺乏新见，依样画葫芦的文章，不是赶潮流的世俗庸人，就是抄书匠之流搞出来的。

宋人《秋林放犊图》

日新其故　其故愈新

【原文】　学以收其所积之智也，日新其故，其故愈新，是在自得，非可袭掩。

【译文】　学习是为了吸收前人积累的智慧，每天用新的知识来充实或更正旧的知识，这样旧的知识越来越新，这些必须通过自我体会才能得来，不是能用抄袭和照搬得来的。

听之不深　知之不明

【原文】　上学以神听，中学以心听，下学以耳听。以耳听者，学在皮肤；以心听者，学在肌肉；以神听者，学在骨髓。故听之不深即知之不明，知之不明即不能尽其精，不能尽其精即行之不成。

【译文】　上等的学习方法是用神思去听，中等的学习方法是用心去听，下等的学习方法是用耳去听。用耳朵去听，只能学到一些皮毛的学问；用心去听，才能学到一些肌肉一样的学问；用神思去听，才能学到精髓的学问。所以听到的不深，了解事物就不甚明了；了解事物不明了，就不能领略事物的实质，不能领略事物的实质，去进行学业就不会取得成效。

圣罔作狂　狂克作圣

【原文】　惟圣罔念作狂，惟狂克念作圣。

【译文】　明哲的人不思考会变得无知，无知的人通过思考也能变得明哲。

不审不聪　不察不明

【原文】　听不审，不聪，不审不聪则缪；视不察，不明，不察不明则过；虑不得，不知，不得不知则昏。

【译文】　听到了不分析就不明了，不分析不明了就会产生谬误；看到了不调查就会不清楚，不调查不清楚就会产生过失；思考了不体会就没有认识，不体会不认识，就会糊涂。

不曰如何　未知如何

【原文】　子曰："不曰'如之何？如之何？'者，吾未知如之何也已矣。"

【译文】　孔子说："（遇事不爱思索），不说，'怎么办？怎么办？'的人，我也不知道该把他们怎么办。"

君子九思　思思有意

【原文】　孔子曰："君子有九思：视思明，听思聪，色思温，貌思恭，言思忠，事思敬，疑思问，忿思难，见得思义。"

【译文】　孔子说："君子有九种考虑：看的时候，考虑是否看明白；听的时候，考虑是否听清楚；脸上的颜色，考虑是否温和；容貌举止，考虑是否谦恭；所说的话，考虑是否忠诚老实；对待学业，考虑是否严肃认真；遇有疑问，考虑如何向人请教；将要发怒，考虑有何后患；看见有利可得，考虑是否该得。"

是非不察　不足与游

【原文】　辨是非不察看，不足与游。

【译文】　不能辨别是非而明察的人，不值得和他往来。

人之知识　如若登梯

【原文】　人之知识，若登梯然，进一级，则所见愈广。

【译文】　人学知识就像登梯子一样，是循序渐进步步登高的。每进一步，都能接触到更多的知识。而知识积累得愈多，思想境界也愈高，眼界也愈宽阔。

先难后易　终不能达

【原文】　学者读书，先于易晓处沉涵熟后，切己致思，则他能晓者，涣然冰释矣。若先看难处，终不能达。

【译文】　学者读书应先易后难，等到领会清楚后，再反复钻研，其他难懂之处，也就像冰那样化开了。如果先从难入手，最终不能得到好的效果。

一书已熟　方读他书

【原文】　读书务在循序渐进，一书已熟，方读一书，勿得卤莽躐等，虽多无益。

【译文】　读书一定要循序渐进，一本读熟了，再读另一本，不要心急求快，那样就是读得再多也无用处。

日计不足　岁计有余

【原文】　学者用功，须是渐进而不已，日计不足，岁计则有余，若一曝十寒，进锐退速，皆非学也。

【译文】　学习应该循序渐进，持之以恒，这样每天虽然进步不多，但时间久了，知识自然会丰富起来。假如三天打鱼两天晒网，或进步快，退步也快，都称不上学习。

为学作事　忌求近功

【原文】　为学作事，忌求近功；求近功，则自画气沮，渊源莫极。

【译文】　求学、作事最怕求速效；如求速效，就是给自己画一道界限，使志气沮丧，知识的深远的本源就无法探求到。

日来月往　木方成材

【原文】　读书如树木，不可求骤长。植诸空山中，日来而月往。露叶既畅茂，烟条渐苍莽。此理木不知，木乃遂其养。

【译文】　读书好比种树，不能要求它很快长成大树。它要经过每日每月的吸收露水、阳光，才能不知不觉长成大树。

知而弗为　莫如勿知

【原文】　知而弗为，莫如勿知。

【译文】　既然知道了道理不去实行，还不如不知道。

文章为时　歌诗为事

【原文】　文章合为时而著，歌诗合为事而作。

【译文】　文章和诗歌应该为反映当前的时代和事情而写作。

知不能行　是知得浅

【原文】　知而不能行，只是知得浅。

【译文】　有了知识而不能实践，只能说明所掌握的知识还是肤浅的。

读书穷理　读书致用

【原文】　读书将以穷理，将以致用也。

【译文】　读书要研究事物的道理，要会运用所学的知识。

学不必博　要之有用

【原文】　学不必博，要之有用；仕不必达，要之无愧。

【译文】　学识不一定要特别广博，重要的是学以致用；职位不一定要很高，重要的是对自己的所作所为感到问心无愧。

天下之学　有行有学

【原文】　尽天下之学，无有无行而可以言学者。

【译文】　普天下的所谓学问，没有只会空谈理论，不参加实践而称得上有学问的。

真知在行　不行不知

【原文】　真知即可以为行，不行不足谓之知。

【译文】　掌握真知的目的在于实践，不实践便不能算作真知。

为学之功　应事接物

【原文】　为学之功，要在应事接物处见，若但虚讲道理，而不情事茫然，学问便成无用事。

【译文】　作学问的功夫在于能够解决实际问题，假若只会空谈道理，对于处理实际问题一窍不通，那么这种学问就是没有用的了。

王原祁《仿大痴夏山图》

诸己与否　病事方信

【原文】　学问有诸己与否，须病事方信。

【译文】　学问是否化为己有，必须在处理事情时，才能知道。

先行后言　方为君子

【原文】　子贡问君子。子曰："先行其言而后从之。"

【译文】　子贡问怎样才是个君子。孔子说："先把你想说的话付诸行动，然后再说出来。"

听其言后　再观其行

【原文】　子曰："始吾于人也，听其言而信其行；今吾于人也，听其言而观其行。于予与改是。"

【译文】　孔子说："起初，我对于人，听到了他的话，就相信他的行为；现在，我对于人，听了他的话，还要看看他的行为，从宰予白天睡觉的事情发生后，我改变了态度。"

士虽有学　而行为本

【原文】　士虽有学，而行为本焉。

【译文】　士人尽管需要学习，然而实践则是根本。

学至于行　方为止矣

【原文】　学至于行而止矣。行之，明也；明之，为圣人。圣人也者，本仁义，当是非，齐言行，不失毫厘，无他道焉，已乎行之矣。

【译文】　学习到了能够实践的地步，就算达到目的了。实践了，就能明白事理。明白事理，就可以成圣人。圣人是以仁义为根本，判断是非对错，言行一致，毫厘不差，没有别的途径，就在于把学到的东西切实地去实践。

知言不行　医莫能治

【原文】　知言而不能行，谓之疾。此疾虽有天医，莫能治也。

【译文】　明知所说的话是对的却不能实行。这种毛病即使有极其高明的医生，也无法救治。

家纵贫寒　子亦读书

【原文】　家纵贫寒，也须留读书种子；人虽宝贵，不可忘稼穑艰辛。

【译文】　虽然家境贫困，也要让子孙读书；虽然是富贵人家，也不可忘记耕种收获的辛苦。

刻苦攻读　方能显荣

【原文】　读书不下苦功，妄想显荣，岂有此理？为人全无好处，欲邀福庆，从何得来？

【译文】　读书若没有下功夫苦读，却非分地想要显达荣耀，天下哪里有这种道理呢？做人对他毫无好处，却妄想得到福分和喜事，从哪里得来呢？

心不外驰　气不外浮

【原文】　地无余利，人无余力，是种田两句要言；心不外驰，气不外浮，是读书两句真廖。

【译文】　地要竭尽所用，不能浪费；人要全力耕种，不可偷懒。这是种田要谨记的两句话。心不要散漫，气不要浮躁，这是读书的两句诀窍。

以诗立命　以孝立基

【原文】　士必以诗书为性命，人须从孝弟立根基。

【译文】　读书人必须以读书作为安身立命的根本；做人要以孝悌立基础。

非生而知　敏以求之

【原文】　子曰："我非生而知之者，好古，敏以求之者也。"

【译文】　孔子说："我不是生来就有知识的人，而是喜好历代的文化知识，通过勤奋努力求得的。"

学不思罔　思不学殆

【原文】　子曰："学而不思则罔，思而不学则殆。"

【译文】　孔子说："只读书而不思考，那就会陷入迷惑，只是瞑思苦想而不读书，那就会有入歧途的危险。"

只思无益　不如学也

【原文】　子曰："吾尝终日不食，终夜不寝，以思，无益，不如学也。"

【译文】　孔子说："我曾经整日不吃饭，整夜不睡觉，只是光去思考，但是结果却没有用处。最后我悟出了道理，还是不如去学习啊。"

人之知也　知为知之

【原文】　子曰："由，诲汝知之乎！知之为知之，不知为不知，是知也。"

【译文】　孔子说："子由！我教给你什么叫'知'的道理吧！知就是知，不知就是不知。这才是真正的聪明阿！"

虽为小数　不专不得

【原文】　今夫弈之为数，小数也；不专心致志，则不得也。弈秋，通国之善弈者也。使弈秋诲二人弈，其一人专心致志，惟弈秋之为听。一人虽听之，一心以为有鸿鹄将至，思援弓缴而射之，虽与之俱学，弗若之矣。为是其智弗若与？曰：非然也。

【译文】　当今下围棋是一种技艺，而且只是一种小技艺，但如果不专心致志，就学不到手。弈秋是全国的下棋名手。让他同时教两个人下棋，其中一个人专心致志，只听弈秋的讲授。另一个人虽然也在听讲，心里却总以为有天鹅将要飞来，想拿起弓箭去射它。虽然他与那个专心致志的人一同学习，其成绩一定不如人家。能认为这个人的智力不如那个人吗？应当说：不是这样的。

闭目凝思　肉少不知

【原文】　（王劭）爱自志学，既乎暮齿，写好经史，遗落世事。用思既专，性颇恍惚，每至对食，闭目凝思。盘中之肉，辄为仆从所啖。劭弗之觉，唯责肉少，数罚厨人，厨人以情白劭，劭依前闭目，伺而获之，厨人方免笞辱，其专固如此。

【译文】 王劭有志于学，到了晚年，仍然很喜欢研究经史，对日常生活小事都遗忘了。他用心专一，以至于精神恍惚，常常面对食物，闭上眼睛冥思苦想。盘子里的肉经常被仆人偷吃。王劭也不知道真正的原因，只是责问厨师，嫌肉太少，并好几次处罚厨师。厨师把实情告诉王劭后，王劭吃饭时像以前一样闭着眼睛，等仆人偷肉吃，当场抓获。厨师这才免去了鞭打和辱骂。他专心致志竟到了这种程度。

读书三到　心到为要

【原文】 读书有三到：心到、眼到、口到。心不在此，则眼看不仔细。心眼既不专一，却只漫浪诵读，决不能记，记亦不能久也。三到之中，心到最急，心既到矣，眼、口岂有不到者乎？

【译文】 读书有三到：心到、眼到、口到。心思不专一于此，那么眼睛就不会看得过细。心和眼既不专一，却只是有口无心地读一通，一定记不住，即使当时记住也不能持久。"三到"之中，"心到"最重要。心既到了，眼口岂有不到之理。

学必由圣　厉必由砥

【原文】 子上杂所习，请于子思，子思曰："先人有训焉，学必由圣，所以致其材也；厉必由砥，所以致其刃也。故夫子之教，必始于《诗》、《书》而终于《礼》、《乐》，杂说不与焉。又何请。"

【译文】 子上向他的父亲子思请教该学习什么。子思道："祖先有教诲在，学习一定要从学圣道开始，这是为了能学习成材；磨刀一定要用磨刀石，这是为了能磨出利刃。所以，先祖孔子教诲：要从学习《诗经》《尚书》开始，而到《礼》《乐》为止，不涉及杂说。你还有什么可问的。"

知礼成性　学必如圣

【原文】　（载）与诸生讲学，每告以知礼成性变化气质之道，学必如圣人而后已。

【译文】　张载给国家最高学府的学生讲学，常常告诉他们懂得礼仪、形成个性，养成良好气质的道理，求学不达到圣人的境界不可罢休。

修德之本　积而化之

【原文】　学者，学夫舜而已矣。学焉而不至，达不失为伊吕，穷不失为颜孟，所谓刻鹄不成犹类鹜也。下此而何学焉？噫，后世功利之说行，学颜孟者，鲜矣。矧于舜乎！其以舜为无功利欤？任禹而水土乎，任稷而蒸民粒，任契而五品逊，去四凶而天不安，则有大功大利及于万世者矣。其以舜为无功利欤？舜人也，我亦人也；舜性也，我亦性也；舜心也，我亦心也；苟笃力行而有所至，则亦不难矣。其以舜非豪杰欤？匹夫而为天子则亦豪杰矣。何遽而不为哉。夫舜之为舜，而所以如是，非直有赫赫大过人，而人不可歧及者，亦修其本然之德，积而化之也。何难之有？顾第弗学耳！

周玙《铁骝图》

【译文】　学习就要学习舜。学了如果不能达到舜的标准，显达时能不失为伊尹、吕尚；穷困时能不失为颜渊、孟子，就像雕刻天鹅不成还像鸭子一样。学舜连这些都不如，还学习什么呢？唉，后代功利的言论盛行，能够学习颜渊和孟子的，太少了。何况学习舜呢？难道认为舜没有功利吗？舜任用大禹使洪水平定，任用稷使人民有粮吃，任用契使人民五品谦逊，除掉了四凶使天下太平，这就是对子孙万代具有大功大利的事业。难道认为舜伟大而难学吗？舜是人，我也是人；舜有性情，我也有性情；舜有思想，我也有思想，如果能忠实地去身体力行并有所成效，那么，学习舜也就不难了。难道认为舜不是英雄豪杰吗？平民做了皇帝也就是豪杰了。为什么就不做呢？舜就是舜，而所以这样，并不是他一直就有常人不能追赶上的显赫地方，他也是通过修养自己本来的德行，来逐步积累而变化的。有什么难的？只不过是不学习罢了。

不拘利欲　忧患不移

【原文】　不学无用学，不读非圣人书。不为忧患移，不为利欲拘。不务边幅事，不作章句儒。达必先天下之忧，穷必全一己之愚。贤则颜孟，圣则周孔，臣则伊吕，君则唐虞。毙而后已，谁毁谁誉？

【译文】　不研究没有实用价值的学问，不阅读不是圣人贤人的经籍。不能因为忧虑和祸患而改变志向；不能因为功利和欲望而不自我约束。不致力于小事，不做只知分析解释古书章句的读书人。通达时必须最先忧虑天下的事情；穷困时必须全部使出自己的力量。品德高尚就像颜渊、孟子；道德高尚就像周公、孔子；入朝为臣就像伊尹、吕尚；身为人君就像尧、舜。到死为止，哪管它荣辱毁誉？

以学为圣　讲明义理

【原文】　学者所以学为圣贤也。在斋务要讲明义理，修身慎行为事。如欲涉猎以资口耳，工诗对以事浮华，则非吾所知也。

【译文】　做学问的人是通过学习来成为圣人贤人。在书房，一定要讲明确"义"、"理"，把修养身心和谨慎行为作为大事来做。如果想把一般泛览获得的知识用作谈论的资本，把能写诗作文用来哗众取宠，那么，就不是我所赞同的。

学不至圣　只因不诚

【原文】　学不至于圣贤，只是有不诚处。

【译文】　学问达不到圣贤的境界，只是因为自己有不诚心的地方。

好高无益　学可至圣

【原文】　今人只是个好高大，喜奇妙，惮绳检，故做出许多病痛。圣人必可学而至，只是人不晓做工夫。

【译文】　现在的人只是好高骛远，喜欢猎奇取妙，害怕拘检、约束，所以弄出了许多毛病弊端。做一个道德高尚的人，一定可以通过学习来达到，只是人们不知道怎么下功夫。

学不志道　乃冥行也

【原文】　学不志道，乃冥行也。道不法圣，乃曲途也。圣莫中于夫子，道在修其纶纪。

【译文】　做学问不以道德为志向，就好像在夜间行走。求道德不以圣人为效法对象，就是在走弯路。圣人没有不像孔子的，道就在修养自己的纶纪之中。

道附圣人　道斯有用

【原文】　道在天地间，不限于取数之多，心力勤者得多，心力衰者得少，昏弱者一无所得。假使天下皆圣人，道亦足以供其求；苟皆为盗蹠，道之本体自在也，分毫无损。毕竟是世有圣人，道斯有主；道附圣人，道斯有用。

【译文】 道在天地之间，不限制你获取多少，心力勤奋的人就多得，心力较差的人就少得，而昏庸懦弱的人就一无所得。如果天底下的人都成了圣人，那么，道德也足以满足他们的需求；如果天底下的人都成了盗跖，那么，道的本源之体仍然存在，而且毫无损伤。但世上毕竟是有圣人，所以道德才有主人；道只有依附在圣人身上，道才能有用途。

人性本善　恶有善源

【原文】 孟子之意，以为善人之性固善，虽恶人之性，亦无不善。不为，非不能也。谓己不能则自贼，谓人不能则贼人。使皆尽心为善，虽人人尧、舜可矣。

【译文】 孟子的思想认为善良人的本性固然是善，即使是恶人的本性，也没有不善。是不愿意向善，并不是不能做。说自己不能做，就是自己害自己；说别人不能做，就是害别人。假使大家都能尽心为善，那么，即使每个人都成为像尧、舜那样的人，也是可能的。

圣人称圣　只因不纵

【原文】 圣人之心无异常人之心，常人之所欲亦即圣人之所欲也，圣人能不纵耳。

【译文】 圣人的感情和一般人的感情没有什么不同；一般人所欲望的也就是圣人所欲望的；只不过圣人能不放纵感情罢了。

苦其心志　劳其筋骨

【原文】 常人而可以为圣贤，只是增益其所不能。欲增益其所不能，唯有"苦其心志，劳其筋骨"，以求进于学问而已。

【译文】 一般的人如果可以成为圣贤，那只是因为他们增长了他们所不能具有的聪明才智。要想增长自己所不能具有的聪明才智，只有"使他的心意苦恼，使他的筋骨劳动"来求得在学问上有所长进罢了。

惟贤惟德　能服于人

【原文】 勿以恶小而为之，勿以善小而不为。惟贤惟德，能服于人。汝父德薄，勿效之。可读《汉书》，《礼记》，闲暇历观诸子及《六韬》、《商君书》，益人意智。

【译文】 不要因为是小的错事就去做，不要因为是小的好事而不去做。只有贤能和德行，才能使别人敬服。你的父亲我很惭愧，不要效法我。应该读《汉书》、《礼记》，有空的时候逐一阅览诸子书籍和《六韬》、《商君书》，它们可以增长人的学识和智慧。

王时敏《答菊图》

登高则睹　于学则悟

【原文】 子思谓子上曰："白乎，吾尝深有思而莫之得也，于学则悟焉；我常企有望而莫之见也，登高则睹焉。是故虽有本性，而加之以学，则无惑矣。"

【译文】 子思对子上说道："白啊，我常常有深思而不明白的，一学习就明白了；我常常有引颈企盼而望不见的，一登高就看到了。所以，虽然有颖悟的天性，但必须再加上学习，才不会迷惑了。"

立身谨重　文章放荡

【原文】　汝年时尚幼，所缺者学也。可久可大，其唯学欤！所以孔丘言："吾尝终日不食，终夜不寝，以思，无益，不如学也。"若使墙面而立，沐猴而冠，吾所不取。立身之道，与文章异：立身先须谨重，文章且须放荡。

【译文】　你年纪还小，所缺的是学习，可以长存人世和被后世发扬光大的，就是人的学识吧！孔子说："我曾经整天不吃饭，整晚不睡觉，去冥思苦想，没有什么收获，还不如去学习呢？"人不学习，如同面壁而视，一无所见，如同猴子沐浴后戴帽，徒有其表一样，这是我不赞成的。做人与做文章不同：做人先要注意谨慎持重，做文章却要活泼洒脱。

人性易迁　不学为小

【原文】　玉不琢，不成器；人不学，不知道。然玉之为物，有不变之常德。虽不琢以为器，而犹不害为玉也。人之性，因物而迁，不学，则舍君子而为小人，可不念哉！付弈。

【译文】　玉石不经过精雕细琢，就不能变成美丽的工艺品；人不通过读书学习。就不可能明白万事万物的道理。然而玉石这东西，有不可改变的特性。如果不去雕琢它，使它变成工艺品，它仍然是一块洁白无瑕的玉石。人就不同了，人的性情经常随环境的改变而变迁，如果不学习，就会远离君子而变成小人，这能不引起注意吗？以此送给三子弈。

学问之功　使归于正

【原文】　学贵变化气质，岂为猎章句、干利禄哉。如轻浮则矫之以严重，偏急则矫之以宽宏，暴戾则矫之以和厚，迂迟则矫之敏迅。随其性之所偏，而约之使归于正，乃见学问之功大。以古人为鉴，莫先于读书。

【译文】 学习的目的贵在改变人的性格和气质，岂是为了仅仅弄懂章句的词义，去谋取功名利禄。如性格浮躁便用严肃庄重去矫正，性格偏激便用宽宏大量去矫正，性格粗暴便用和顺仁厚去矫正，性格迟钝便用敏捷去矫正。根据人的性格的偏向，通过读书学习而使之归于正道，才真正显现出读书治学的功效。以古人为借鉴，应从读书开始。

千里从师　无辱所生

【原文】 盖汝好学，在家足可读书作文，讲明义理，不待远离膝下，千里从师，汝既不能如此，即是自不好学，已无可望之理。然今遣汝者，恐你在家汩于俗务，不得专意。又父子之间，不欲昼夜督责。及无朋友闻见，故令汝一行。汝若到彼，能奋然勇为，力改故习，一味勤谨，则吾犹不望。不然，则徒劳费。只与在家一般，他日归来，又只是旧时伎俩人物，不知汝将何面目归见父母亲戚乡党故旧耶？念之！念之！"夙兴夜寐，无忝尔所生！"在此一行，千万努力。

【译文】 如果你努力学习，在家里也完全可以读书作文，深明义理，不必远离父母，千里从师。既然你不能这样，就是自己不好好学习，当然也不能指望你懂得这个道理。现在让你出外从师，是担心你在家里为俗务所缠身，不能专心。同时，父子之间，我也不希望日夜督促责备你。再者在家里也没有朋友和你一起探讨，所以要让你出去走一走。如果你到了那里，能够奋发作为，努力改掉旧习，专心学习，勤勉谨慎，那么，我对你还抱有希望。否则，就白费精力。如果和在家里一样，他日归来，依然如故，那么你还有什么面目见父母乡亲呢？可要好好想一想啊。早起晚睡，无辱所生，在此一行，千万要努力！

多读书史　实用乃佳

【原文】　侄孙近来为学何如？恐不免趋时，然也须多读书史，务令文字华实相副，期于实用乃佳。勿令得一第后，所学便为弃物也。海外也粗有书籍，六郎也不废学，虽不解对义，然作文极峻壮，有家法。二郎、五郎闻说也长进，曾见他文字否？侄孙宜熟先后汉史及韩柳文。有便寄旧文一两首来，慰海外老人意也。

【译文】　侄孙你近来学习如何？恐怕免不了赶追潮流，但一定要多读史书，务必使自己所作文章的文采和实际内容相符合。能够实用才算佳作。不要一旦取得科第功名，便把平时所学的东西丢弃了。海南这里也有一些书籍，六郎没有荒废学业，虽然还不会写对策的文章，但自己作文的气势非常豪放，有家传的章法。据说二郎、五郎也有长进，你曾看见他们所写的文章吗？你应该熟读《汉书》、《后汉书》和韩愈、柳宗元的文章。方便的时候将你近期所作诗文寄一两首来，安慰一下我这身居海南的老人。

漫读经典　胜别用心

【原文】　吾尝谓欲学道当以攻苦食淡为先，人生直得上寿，也无几何。况逡巡之间，便乃隔世。不以此时学道，复性反本，而区区惟事口腹，豢养此身，可谓虚作一世人也。食已无事，经史文典漫读一二篇，皆有益于人，胜别用心也。

【译文】　我曾经说想学道应当以生活艰苦和辛勤自励为先，人生即使活到高龄，也没有多少岁月。况且徘徊之间，便到了另一个世界。不利用短暂的人生学道作人，复性反本，而每天去追求口腹之欲，供养此身，就是白做了一世人。吃完家常饭后，没有重要事情做，漫读经史文典一二篇，对人都非常有益，胜过把心思用到其他事情上。

口不绝吟　手不停批

【原文】　"口不绝吟于六艺之文，手不停批于百家之篇；纪事者必提其纲，纂言者必钩其玄，贪多务得，细大不捐，焚膏油以继晷，恒兀兀以穷年。"此文公自言读书事也。其要诀却在"纪事"、"纂言"两句。凡书，目过口过，总不如手过。盖手动则心必随之，虽览诵二十遍，不如钞撮一次之功多也。况必提其要，则

黄公望《富春山居图》（局部）披麻皴

阅事不容不详；必钩其玄，则思理不容不精。若此中更能考究同异，剖断是非，而自纪所疑，附以辩论，则浚必愈深，着心愈牢矣。近代前辈当为诸生时，皆有经书、讲旨及《纲鉴》、《性理》等钞略，尚是古人遗意盖自为温习之功，非欲垂世也。今日学者亦不复讲，其作为书、说、史、论等刊布流行者，乃是求名射利之故，不与为己相关，故亦卒无所得。盖有书成而了不省记者，此又可戒而不可效。

【译文】　"不停地吟诵《诗》、《书》、《礼》、《易》、《乐》、《春秋》的文章，不停地披阅诸子百家的著作；对于纪事的著作必须提出书中的要点，对于理论性的著作必须探索其中精深的义理。尽可能多学而务求有收获，大小都不舍弃。点着烛火夜以继日，经常终年苦学不倦。"这是韩文公自己讲他读书的事情，它的要诀就在"纪事者必提其要，纂言者必钩其玄"两句。凡读书，只看一次，念一次，总不如手写一次，因为手一动，心必跟着动，即使看它读它二十遍，不如抄写一次的功效大。况且，要提炼出它的要点，阅读其中的事情就不能不详细；要探索其精深的义理，思考就不能不精细。

如果能够更进一步，探究它们的异同，剖析判断它们的是非，记下自己的疑问，加上自己的辩析论证，那么就用心愈深，记忆更为牢固。近代的前辈当他们作秀才时，都有经书、讲旨及《纲鉴》、《性理》等书的摘录，这还是古人传下来的规矩，乃是自己作温习的功夫，不是要流传后世。今天治学的人也不再讲求这些，那些以书、说、史、论等刊布流行的，乃是求名得利，不是为了自己学习，结果也就没有什么收获。有的文章写成了而对书的内容却不能理解记住，要以此为戒，而不可仿效。

余暇阅史　获益良多

【原文】　除诵读作文外，馀暇须批阅史籍；惟每看一种，须自首至末，详细阅完，然后再易他种。最忌东拉西扯，阅过即忘，无补实用。并须预备看书日记册，遇有心得，随手摘录。苟有费解或疑问；亦须摘出，请姚师讲解，则获益良多矣。

【译文】　除了诵读经书学习写作之外，有空应该阅览史籍；只是每看一种，必须从头到尾，仔细读完，然后再换其他的种类。最忌讳东拉西扯，读过即忘，没有实际用处。并且还要预备读书日记本，遇有心得，随手摘录。如果有费解和疑问的，亦应该摘抄出来，请姚老师讲解，这样，收获就会很多。

聪敏不学　自取其败

【原文】　天下事有难易乎？为之，则难者亦易矣；不为，则易者亦难矣。人之为学有难易乎？学之，则难者亦易矣；不学，则易者亦难矣。吾资之昏，不逮人也；吾材也庸，不逮人也。旦旦而学之，久而不怠焉，迄乎成，而亦不知其昏与庸也。吾资之聪倍人也，吾材之敏倍人也，屏弃而不用，其与昏与庸无以异也。圣人之道，卒于鲁也传之。然则昏庸聪敏之用，岂有常哉？

【译文】　天下的事情有难易之分吗？认真去做，困难的事情也变得容易了；不去做，容易做的事情也会变成难事。人们的学习也有难易之分吗？去学，困难的也就变得容易了；不去学，容易学的也会变成难学的。我的资质迟钝，赶不上别人；我的才能平庸，也不如别人。但是，如果能天天坚持学习，不松懈，等到学有成就，也就不会觉得迟钝和平庸了。如果我的资质聪明的超过别人一倍，能力强过别人一倍，但放着不去用它，就与那些迟钝、平庸的人没有区别了。孔子的道统，最终由较为鲁钝的曾参传了下来。那么迟钝平庸与聪明能干对一个人所起的作用，难道是不变的吗？

学务日益　道贵日损

【原文】　为学务日益，此言当自程；为道贵日损，此理在戒盈。

【译文】　学习应当每日追求进步，应当把这话当做奉行的计划；而在研究道理时，贵在每日觉得自己还很不够，这个道理适用于自己感到满足。

惟学逊志　道积厥躬

【原文】　《书》曰："惟学逊志，务时敏，厥修乃来，允怀于兹，道积于厥躬。"人生无知无能，必学而后有所得。学者当顺逊其志，虚心以求，专以是为务，无时而不敏，则所修得，即源源来矣。

【译文】　《尚书》说："做学问要心存谦虚，务必时时努力，品德的完善就自然会实现。相信并记住这一点，道就会在他身上积累下来。"人生之始没有知识没有能力，必须通过学习之后才能有所得到。做学问的人应当恭顺谦虚，如果用谦虚的态度来求得知识，集中精力学习，时刻努力勤奋，那么，所修养的道，就会源源而来到了。

未厚而用　未足而谈

【原文】　学者有二病：积学未厚而用之遽，养德未足而谈有余。

【译文】　做学问的人有两种毛病：积累的学问不深厚，但急着使用它，品德未培养完全，但谈论它却有余。

名教为乐　悲悯为心

【原文】　君子以名教为乐，岂如嵇阮之逾闲；圣人以悲悯为心，不取沮溺之忘世。

【译文】　读书人应该钻研圣人这教，不能像嵇康、阮籍等人，逾越轨范，恣意放荡，圣人抱着悲天悯人之胸怀，关心民生的疾苦，并不效法长沮、桀溺的避世独居，不理世事。

能问不能　多问于寡

【原文】　曾子曰："以能问于不能，以多问于寡，有若无，实若虚，犯而不校，昔者吾友，尝从事于斯矣。"

【译文】　曾子说："有能力却向没有能力的人求教，知识丰富却向知识贫乏的人求教；有学问却像没有学问一样，满腹经伦却向空无所有一样；即使被欺侮，也不计较，过去，我有一位朋友就是这样做的。"

知者不博　博者不知

【原文】　知者不博，博者不知。

【译文】　有真才实学的人不炫耀博学，炫耀博学的人没有真正的知识。

善学之人　假长补短

【原文】　善学者假人之长以补其短。

【译文】　善于学习的人，总是吸取别人的长处来弥补自己的短处。

无荒成业　无玷其荣

【原文】　耕读固是良谋，必工课无荒，乃能成其业；仕宦虽称贵显，若官箴有玷，亦未见其荣。

【译文】　耕种读书并重固然是个好办法，总要在求学上不致荒怠，才能成就功业；做官虽然富贵显达，但是如果为官而有过失，也不是光荣。

伏羲女娲画像砖（东汉）河南新野出土

儒多文富　并非时文

【原文】　儒者多文富，其文非时文也；君子疾名不称，其名非科名也。

【译文】　读书人以文章多为财富，然而并不是一些应付应考的文章；有德的人担忧死后名声不能为人称道，这个名不是指乎科之名。

有真性情　须真涵养

【原文】　有真性情，须有真涵养；有大识见，乃有大文章。

【译文】　至真无妄的性情，只有真正的修养才能达到；要写出不朽的文章，首先要有不朽的见识。

为学静敬　骄惰应去

【原文】　为学不外静敬二字，教人先去骄惰二字。

【译文】　求学问不外乎"静"和"敬"两个字，要教导他人，首先要去掉"骄"和"惰"两个毛病。

无惭知己　读书求用

【原文】　人得一知己，须对知己而无惭；士既多读书，必求读书而有用。

【译文】　人难得有一个知己，在面对知己时应该毫无可惭愧之处；读书人既然读了很多书，总要将学问用之于世，才不枉然。

意专心一　耳目端正

【原文】　专于意，一于心，耳目端，知远之征。

【译文】　注意力集中，思想专一，耳朵仔细听，眼睛仔细看，这是深刻认识事物的依据。

知者量力　子非国士

【原文】　二三子有复于子墨子学射者。子墨子曰："不可，夫知者必量其力所能至而从事焉。国士战且扶人，犹不可及也；今子非国士也，岂能成学又成射哉？"

【译文】　有几个人又想向墨子学习射箭。墨子说："不行，聪明的人一定量力而为去做他能做到的事情。一国杰出的人物尚且不能一边作战一边帮助他人，何况你们并非那种杰出人物，哪能边读书边学射箭呢？"

虚一而静　方可知道

【原文】　人何以知道？曰：心。心何以知？曰：虚壹而静。

【译文】　人怎么样去认识道呢？回答说：用心。心为何能认识道呢？回答说：专一而宁静。

自古及今　不专不精

【原文】　好书者众矣，而仓颉独传者，壹也。好稼者众矣。而后稷独传者，壹也。好乐者众矣，而夔独传者，壹也。好义者众矣，而舜独传者，壹也。……自古及今，未尝有两种精者也。

【译文】　喜好文字的人很多，但只有仓颉的名声流传下来，这是因为他专一的缘故。喜好耕种的人很多，但只有后稷的名声流传下来，这是因为他专一的缘故。喜好音乐的人很多，但只有夔的名声流传下来，这是因为他专一的缘故。喜好仁义的人很多，但只有舜的名声流传下来，这是因为他专一的缘故。……从古到今，从来没有不专一，而能精通事物的人。

学以治之　思以精之

【原文】　学以治之，思以精之，朋友以磨之，名誉以崇之，不倦以终之，可谓好学也已矣。

【译文】　通过学习来锻炼自己，依靠思考来加深认识，依靠朋友来纠正错误，依靠名誉来提高品行，依靠不断努力来完成学业，这可以说是好学的人了。

凡事贵专　不可二事

【原文】　目不能二视，耳不能二听，手不能二事。一手画方，一手画圆。莫能成。

【译文】　眼睛不能同时看两个地方，耳朵不能同时听两种声音，手不能同时做两件事情。一手画方形，一手画圆形，没有人能够做成。

名之所在　则利归之

【原文】　古人求没世之名，今人求当世之名，吾自幼及老见人所以求当世之名者，无非为利也。名之所在，则利归之。故求之惟恐不及也，苟不求利亦何慕名。

【译文】　古代的人追求身后的名声，现在的人追求当今的名声，我从小到老看到不少人之所以追求眼前的名声，无非是为了追求物质利益。因为名声到手，物质利益也就随之而来。所以，人们惟恐求不到名声，若不是为了追求物质利益，又何必仰慕名声呢！

持心牢固　方可为学

【原文】　今人为学，须持心牢固，如铁壁铜墙，一切毁誉是非，略不为其所动，乃可渐入。若有一毫为人的意思，未有不入于流俗者。

【译文】　现在的人做学问，必须确立坚定不移的思想，像铜墙铁壁一样；对于外界的一切是非毁誉，一点也不为它所动摇，才可以逐步深入到学问中去。如果有一点做给别人看，以求虚名的想法。那么，就不免流入庸俗之人当中去。

为学之要　先戒名心

【原文】　为学之要，先戒名心；为学之方，求端于道。

【译文】　做学问的要领，首先是戒除名利思想；做学问的方向，是求得道德端正。

惠崇（传）《沙汀烟树图》

学习实践　后知不足

【原文】　虽有嘉肴，弗食，不知其旨也。虽有至道，弗学，不知其善也。是故学然后知不足，教然后知困。知不足然后能自反也，知困然后能自强也。

【译文】　虽然见到了美味的菜肴，不经过自己的品尝，就领会不到它的美味；虽然有深远的道理，不经过自己的钻研，就领会不了其中的奥秘。

所以说，只有经过学习实践，才会发现自己的知识水平不够；只有通过教学，才会发现自己有不懂之处。知道了自己的不足，便能督促自己学习；懂得不透，便能督促自己努力提高。

读书百遍　其义自见

【原文】　读书百遍，其义自见。

【译文】能把一本书读过百遍，其中的含义自然就会领会。

师严道尊　道尊敬学

【原文】　凡学之道，严师为难。师严然后道尊，道尊然后民知敬学。

【译文】　求学之道，以尊师为最难。只有尊师，才能重道；只有重道，老百姓才懂得敬重学习。

隆师亲友　致恶其贼

【原文】　非我而当者，吾师也；是我而当者，吾友也；谄谀我者，吾贼也。故君子隆师而亲友，以致恶其贼。

【译文】　批评我而恰当的，是我的老师；肯定我而恰当的，是我的朋友；一味奉承我的，是害我的小人。因之，君子尊崇老师，亲近朋友，而极其厌恶那些溜须拍马的小人。

庸众驽散　劫之师友

【原文】　庸众驽散，则劫之以师友。

国将兴盛　贵师重傅

【原文】　国将兴，必贵师而重傅。……国将衰，必贱师而轻傅。

【译文】　一个国家将要兴盛，必定会尊重老师，敬重师傅。……一个国家将要衰败，必定会轻贱老师，薄待师傅。

尊师在先　疾学在后

【原文】　疾学在于尊师。

【译文】　要很快学得知识和才干，首先在于尊敬老师。

简练于学　成熟于师

【原文】　学士简练于学，成熟于师；身之有益，犹谷成饭，食之生肌腴。

【译文】　学者应当努力学习，通过老师指导使自己有大的进步，这好比谷子煮成了饭，人吃了对身体有益，使人长胖一样。

不扰师觉　门外立雪

【原文】　（杨时）见程颐于洛，时盖年四十矣。一日见颐，颐偶瞑坐，时与游酢侍立不去。颐既觉，则门外雪深一尺矣。

【译文】　杨时到洛阳拜程颐为师时，已经四十来岁了。一天，杨时与游酢冒雪去拜见老师程颐，正碰上程颐坐着小睡，他们不敢惊动，便站在门外等待，到程颐醒来时，门外的雪已下得有一尺深了。

学贵得师　亦贵得友

【原文】　学贵得师，亦贵得友。

【译文】　求学需要老师指导，也需要朋友间的切磋。

师以质疑　友以析疑

【原文】　师以质疑，友以析疑。师友者，学问之资之。

【译文】　拜老师以解答疑难，交朋友以辩析疑难，老师和朋友对做学问很有帮助。

文武之道　何处都有

【原文】　卫公孙朝问于子贡曰："仲尼焉学?"子贡曰："文武之道，未坠于地，在人。贤者识其大者，不贤者识其小者。莫不有文武之道焉。夫子焉不学? 而亦何常师之有?"

【译文】　卫国的公孙朝问子贡说："仲尼的学问是从哪里学来的?"子贡说："文王、武王之道，并没有散失，还在人间流传。贤人能够抓住它的根本，不贤的人只能抓住它的末节。无处不有文王、武王之道。我的老师哪里不能学习? 又何必要有固定的老师呢?"

尊以遍矣　周于世矣

【原文】　学莫便乎近其人。《礼》、《乐》法而不说。《诗》、《书》故而不切，《春秋》约而不速。方其人之习君子之说，则尊以遍矣，周于世矣。故曰，学莫便乎近其人。

【译文】 学习的途径没有比接近良师益友更省事的了。《礼》、《乐》虽然规定了一定的法度，但是没有详细说明道理。《诗经》、《尚书》记载的都是以往的事情，并不切合当前实际。《春秋》讲的微言大言隐晦不明，使人难以迅速理解。仿效良师益友而学习君子的学说，就能养成崇高的品格，得到全面的知识，而通达世事了。所以说，学习的途径没有比接近良师益友更省事的了。

道之所存　师之所存

【原文】 古之学者必有师。师者，所以传道、受业、解惑也。人非生而知之者，孰能无惑？惑而不从师，其为惑也，终不解矣。生乎吾前，其闻道也，固先乎吾，吾从而师之；生平吾后，其闻道也，亦先乎吾，吾从而师之。吾师道也，夫庸知其年之先后于吾乎！是故无贵无贱，无长无少，道之所存，师之所存也。

【译文】 古代求学的人必定有教师。老师，就是来传授圣人的学说、讲授学业、解答疑难的人。人不是生下来就懂得这些的，谁能没有疑惑呢？有了疑惑而不跟随老师求学，他们的那些作为疑惑的问题，就始终得不到解答了。生在我以前的人，他们听到的圣人的学说本来就在我以前，我跟随他们，并把他们当作老师；生在我以后的人，如果他们听到的圣人的学说也在我以前，我也跟随他们，并把他们当成老师。我以圣人的学说为师，哪里需要知道他们的年龄比我大还是比我小呢？因此，无论是地位高的，还是地位低的，无论是年长的，还是年轻的，圣人的学说所在的地方，就是老师所在的地方。

悬空妄想　不曾理会

【原文】 问学如登塔，逐一层登将去，上面一层，虽不问人，亦自见得。若不去实踏过，却悬空妄想，便和最下底下层，不曾理会得。

【译文】　求取学问如同登塔，要一级一级地登上去，更上面一层，虽然不问别人，也可以知道是个什么样子。如果自己不是去实实在在地踏过一番，站在那里凭空想象，纵然是最下一层的模样，你也不可能弄明白。

不遗余力　事要躬行

【原文】　古人学问无遗力，少壮工夫老始成。纸上得来终觉浅，绝如此事要躬行。

【译文】　古人学习知识是竭尽全力的，少壮时的努力到老年才看得出成就。从书本上得来的知识终究是肤浅的，要想真正了解这个事物，就要亲自去实践。

萧照《山腰楼观图》

欲正人心　先正学术

【原文】　学术坏而心术因之，心术坏而世道因之，古今不易之理也。《孟子》："生于其心，害于其政。发于其政，害于其事"，是本心术而言。"作于其心，害于其事。作于其事。害于其政"，是本学心术而言。欲正人心。先正学术，故曰："乃所愿，则学孔子也。"

【译文】　有了邪说歪道，思想感情就因袭上了，思想感情颓废了，社会风尚也就沿袭上了，这是古代和现在都不会更改的道理。《孟子》中说："从思想中产生出来的，必然会在政治上产生危害。假如将它用于政治上去，一定会危害到国家的各种具体工作"，这是从心术的根源来说的。"从思想中萌发出来的，必然会危害到各种具体的工作。如果把它实施于各种具体事情，一定会危害到国家政治大事"，这是从学术的根源来讲的。要想端正人们的思想，必须首先端正学术，所以说："我所希望的，就是学习孔子。"

学之为道　先正趋向

【原文】　学之为道，莫先于正趋向。趋向不正，虽其胸贯古今，亦是小人耳。……夫趋向之正不正，视乎义利之明不明。夫人之有义，犹车之有軏、舟之有柂也。车不得其軏，则逸而不制，不覆不已；舟不得其柂，则流而不制，不覆不已；人不得其义，则纵而不制，不覆不已。诸生能悉心于义利间，而知经义取士，非专为科名设也，则违道不远，希贤希圣，举由乎此矣。

【译文】　学问之道，首先应该端正趋向。趋向不端正，尽管自己能通贯古今，也是小人。……趋向的端正与不端正，要看对"义"、"利"分不分明。人有道义，就像车有夹辕两马当胸的皮革、船的船舵。车没有这个皮革，就会奔跑而不能控制，不翻车不会停止；船没有船舵，就会奔流而不能控制，不翻船不会停止；人没有道义，就会放纵而不能控制，不丧身不会停止。学生们能够全心于"义"、"利"之间，而且，知道虽然通过研习经学可以选拔士人，但不是专为科举而设置的，那么，距离学问之道就不算太远，若希望成为圣人或贤人的，就可以由此开始了。

心枝无知　二则疑惑

【原文】　心枝则无知，倾而不精，贰则疑惑。

【译文】　思想分散就不可能获得知识，思想不专心认识就不可能精深，三心二意，就会疑惑。

知者择一　专于一道

【原文】　壹于道以赞稽之，万物可兼知也。身尽其故则，美类不可两也，故知者择一而壹焉。

【译文】　专一于道，用来帮助对于万物的考察，这样万物就都可以被认识了。一个人能完全做到上述道理，那就完美了，任何一类事物的事理，都不是三心二意所能认识的，所以聪明人总是选择一件事，专心致志地去研究。

专心一志　思索孰察

【原文】　今使涂之人伏术为学，专心一志，思索孰察，加日县久，积善而不息，则通于神明，参于天地矣。

【译文】　假如让普通人把"仁义法正"作为学习的内容，专心致志，认真思考，在一段时间内，持续做好事而不停歇，那就可以达到极高的智慧，而巍然耸立于天地之间了。

不学求知　无网愿鱼

【原文】　夫不学而求知，犹愿鱼而无网焉。

【译文】　不经过学习而想得到知识；这就像想捕鱼，却没有捕鱼网一样。

读书万卷　下笔有神

【原文】　读书破万卷，下笔如有神。

【译文】　读了大量的书之后，写起文章来如有神灵帮助一样。

每次读书　一意求之

【原文】　愿学者每次作一意求之。

【译文】　希望学习的人每次读书，都要确立一个明确的目的，引导自己钻研。

学贵自得　非在外也

【原文】　学莫贵乎自得，非在外也，故曰自得。……不深思则不能造于道，不深思而行者，其得易失。

【译文】　求取学问，重要的是心中自有所得，并非得在身外，所以叫做自得。……不深思熟虑，就不能达到道的境界，不深思熟虑而贸然行事，所得到的也容易丢失。

默识心通　诚意烛理

【原文】　或问："如何学可谓之有得？"曰："大凡学问，闻之知之皆不为得；得者须默识心通。学者欲有所得须是笃，诚意烛理。"

【译文】　有人问："如何学习可以算作是有所得？"回答说："对于学问而言，听到的，知晓的都不能叫做得；所谓得，必须是在头脑完全记住，心中豁然贯通。求取学问的人要想有所得，必须勤恳诚实，只有心诚才能理明。"

知之好之　好之求之

【原文】 知之必好之，好之必求之，求之必得之。古人这个学是终身事，果能颠沛造次必于是，岂有不得道理。

【译文】 学问一事，知晓了必定喜好，喜好了必定求取，求取了必定得到。古人的这个学问是终身事业，如果真能在学问上历尽艰辛而追求不懈，哪有不得之理。

不堪其忧　不改其乐

【原文】 孔子曰："贤哉，回也！一箪食，一瓢饮，在陋巷，人不堪其忧，回也不改其乐。"

【译文】 孔子说："颜回的德行多好啊！一竹筐饭，一瓜瓢水，住在狭小的巷子里，别人不能忍受那种困苦，颜回却不改变他自有的快乐。"

任颐《苏武牧羊》

博施济众　必也圣乎

【原文】　子贡曰："如有博施于民而能济众，何如？可谓仁乎？"子曰："何事于仁，必也圣乎！尧舜其犹病诸！夫仁者，己欲立而立人，己欲达而达人。能近取譬，可谓仁之方也已。"

【译文】　子贡说："如果有人能够广施恩德给人民，而又能救济患难的众人，这个人怎么样呢？可以算作有仁德的人了吧！"孔子说："何止是有仁德的人！一定是圣人了！尧舜恐怕都难以赶上他呢。有仁德的人，只要自己想树立的也帮助别人树立起来，自己想达到的也帮助别人达到。凡事能够推己及人，可以说是实践仁德的方法了。"

笃信好学　守死善道

【原文】　子曰："笃信好学，守死善道。危邦不入，乱邦不居。天下有道则见，无道则隐。邦有道，贫且贱焉，耻也；邦无道，富且贵焉，耻也。"

【译文】　孔子说："一个人应该有坚定的信仰和好学的精神，誓死去完善治国修身之道。不进入危险的国家，不居住祸乱的国家。世上政治清明就出来做官，世上政治黑暗就隐居起来。国家政治清明，自己却贫穷低贱，这是耻辱；国家政治黑暗，自己却富足显贵，这也是耻辱。"

独善其身　兼济天下

【原文】　古人云：穷则独善其身，达则兼济天下。仆虽不肖，常师此语。大丈夫所守者道，所待者时。时之来也，为云龙，为风鹏，勃然突然，陈力以出；时之不来也，为雾豹，为冥鸿，寂兮寥兮，奉身而退。进退出处，何往而不自得哉？故仆志在兼济，行在独善：奉而始终之则为道，言而发明之则为诗。谓之"讽喻诗"，兼济之志也。谓之"闲适诗"，独善之义也。故览仆诗，知仆之道焉。

【译文】 古人说"穷则独善其身，达则兼济天下。"我尽管不算贤明，但常常取法于这两句话。大丈夫所信守的是圣贤之道，所等待的是际遇时机。时机一来，他们就成为作云的龙，搏风的鹏，精神饱满地，勇往直前地尽力前进；时机不来呢，他们就好像深山的豹，远空的鸿，安安静静地，无声无息地引身而退。仕进也好，退居也好，到何处不是悠然自得呢？因之，我的志向是兼济天下，我的修养是要完善自身：这一信念贯彻始终就称作我的道，用文字阐发出来就成为我的诗。那些被称之为"讽喻诗"的，道出了我兼济天下的远大志向，那些被称之为"闲适诗"的则吟咏出我独善其身的平常心境。因此，只要看了我的诗，就知道我所信守的圣贤之道了。

官咬菜根　　百姓无愁

【原文】 真西山论菜云："百姓不可一日有此色，士大夫不可一日不知此味。"余谓百姓之有此色，正缘士大夫不知此味。若自一命以上至于公卿，皆是咬得菜根之人，则当必知其职分之所在矣，百姓何愁无饭吃！

【译文】 真德秀在谈论菜的时候说："老百姓不能一天面有菜色，士大夫不能一天不知菜的滋味。"我认为百姓面有菜色，正是由于士大夫不知道菜的滋味，如果从最低品级的官员直到朝廷的公卿大臣，都是能嚼咬菜根的人，那么一定会知道他们的职责所在了，老百姓又何愁无饭可吃呢！

士不厌学　　故能成圣

【原文】 士不厌学，故能成其圣。

【译文】 人能好学不厌，因此才会成为圣人。

力久则入　学没后止

【原文】　学恶乎始？恶乎终？曰：其数则始乎诵经，终乎读礼；其义则始乎为士，终乎为圣人。真积力久则入，学至乎没而后止也。

【译文】　学习的起点在哪里，学习的终点在何处？它的课程顺序是从诵经开始，到读礼结束；它的原则是从做士开始，最终成为圣人。总之，学习如果能踏实持久，就会深入；学习直到死，才能结束。

知礼成性　必成圣人

【原文】　（载）与诸生讲学，每告以知礼成性变化气质之道，学必如圣人而后已。

【译文】　张载同国家最高学府的学生讲学，常常告诉他们懂得礼仪、形成个性，养成良好气质的道理，求学一定要达到圣人的境界才可罢休。

得之不难　失之必易

【原文】　学问之道，其得之不难者，失之必易，惟艰难以得之者，斯能兢业以守之。

【译文】　求学之道得到时如不困难，失去也必然容易。唯独历经艰难得到的才能兢兢业业地把守。

虽愚必明　虽柔必强

【原文】　博学之，审问之，慎思之，明辨之，笃行之。有弗学，学之弗能，弗措也；有弗问，问之弗知，弗措也；有弗思，思之弗得，弗措也；有弗辨，辨之弗明，弗措也；有弗行，行之弗笃，弗措也。人一能之已百之，人十能之已千之。果能此道矣，虽愚必明，虽柔必强。

【译文】　要广泛地学习各种知识，详尽地探讨事物的原理，慎重地思考所学的东西，明确地辨别是非曲直，坚定切实地实践自己的理想。有的东西不学则已，学了就一定要掌握它，如果没有掌握，就决不放下不学；有的问题不问则已，问了，就一定要弄明白，如果还没弄明白，就决不放下不问；有的问题不思考则已，思考了，就一定要有自己的体会，如果没有什么体会，就决不停止思考；有的事情不辨别则已，要辨别就一定要分出是非曲直，如果分不出是非曲直，就决不放手；有的措施不实践则已，实践了就一定要切实贯彻，如果不贯彻，就决不停止实践。他人一遍能做好的，我做它一百遍也同样能做好；他人十遍能做好的，我做它一千遍也同样能做好。一个人如果能按这个道理去做，那么，即使是愚蠢的人，也必定会变得聪明；即使是柔弱的人，也一定会变得刚强。

知不务多　务审所知

【原文】　是故知不务多，务审其所知。
【译文】　所以知识不求多，但一定要审察所学的知识是否正确。

听言要察　善恶要分

【原文】　听言不可不察，不察则善恶不分。
【译文】　听到别人的言论，不能不作分析，不分析就分辨不清善恶。

不览古今　论事不实

【原文】　不览古今，论事不实。

【译文】　不研究历史和现状，对问题的看法就不会准确。

学有用学　读圣贤书

【原文】　不学无用学，不读非圣书。不为忧患移，不为利欲拘。不务边幅事，不作章句儒。达必先天下之忧，穷必全一己之愚。贤则颜孟，圣则周孔，臣则伊吕，君则唐虞。毙而后已，谁毁谁誉？

【译文】　不研究没有实用价值的学问，不阅读不是圣人贤人的经籍。不能因为忧虑和祸患而改变志向；不能因为功利和欲望而不自我约束。不致力边幅小事，不专做分析解释古书章句的读书人。通达时必须最先忧虑天下的事情；穷困时必须全部使出自己的力量。品德高尚就像颜渊、孟子；道德高尚就像周公、孔子；入朝为臣就像伊尹、吕尚；身为人君就像尧、舜。到死为止，诋毁谁又赞赏谁呢？

为学功夫　立心为本

【原文】　为学第一功夫，立心为本。心存则读书穷理，躬行践履，皆自此进。孟子曰："学问之道无他，求其放心而已。"程子曰："圣贤千言万语，只是欲人将已主之心收之，反入身来，自能寻向上去。"皆此意也。

【译文】　做学问的第一桩事情，就是以确立心志作为根本。如果能保持这个心志，那么，以读书来寻求道理，身体力行地去实践，就都能从此有所长进。孟子说："做学问的方法没别的，只是把那颗放纵之心收回来罢了。"程子说："圣贤人的千言万语，只是要人们把放纵的心收回来，然而反身进入到心里去，自然能寻找到向上去的方法。"讲的都是这个意思。

业以居之　心就不放

【原文】　琴瑟简编，学者不可无，盖有业以居之，心就不放。

【译文】 琴瑟简编，学者不能没有，因为从事学业，思想就不会放纵。

千里之行　始于足下

【原文】 合抱之木，始于毫末；九层之台，起于累土；千里之行，始于足下。……民之从事，常于几成而败之。慎如终如始，则无败事。

【译文】 合抱的大树是从幼苗长起的；九层高台，是由泥土堆积起来的；千里的远行，是从脚下第一步开始的。……人们做事，往往在将近成功时失败。凡事像开始那样谨慎，一直坚持到底，就不会失败。

董其昌《秋兴八景图册》之一

自谓尽之　实为不然

【原文】 薛谭学讴于秦青，未穷青之技，自谓尽之，遂辞归。秦青弗止。饯于郊衢，抚节悲歌，声振林木，响遏行云。薛谭乃谢求反，终身不敢言归。

【译文】 薛谭向秦青学习唱歌，还未曾学完秦青的技巧，就自以为完全掌握了，便告辞回家。秦青也不劝阻，在城外的大路旁为他饯行，在席上敲起拍板，慷慨悲歌。歌声震动林木，连飘动的浮云也停住了。薛谭听了便向他道歉，请求返回继续学习，从此再也不敢提回家的事情了。

孔子勤奋　韦编三绝

【原文】　孔子晚而喜《易》，序《彖》，《系》、《象》、《说卦》、《文言》。读《易》，韦编三绝。曰："假我数年，若是，我于《易》则彬彬矣。"

【译文】　孔子晚年喜读《易经》，他给《彖》、《系》、《象》、《说卦》、《文言》等篇写了序。他读《易经》勤奋，把编联竹简的皮绳都磨断了好几次。他说："要是能多给我几年的时间，像这样，我对于《易经》从文辞到义理就都可以充分掌握了。"

读书行路　历险毋恐

【原文】　读书如行路，历险毋惶恐，要保万里程，中间无敧仄。

【译文】　读书好比走路，万里道途，中间哪能没有一点倾斜不平的呢？但切莫因此惶恐志摇，半途而废。

有恒心者　惟士为能

【原文】　无恒产而有恒心者，惟士为能。

【译文】　没有固定的财产，但有持之以恒的心志的，只有有志之士才能做到。

古人读书　必经三境

【原文】　古今之成大事业、大学问者，必经三种之境界："昨夜西风凋碧树，独上西楼，望尽天涯路。"此第一境也；"衣带渐宽终不悔，为伊消得人憔悴"，此第二境也；"众里寻他千百度，蓦然回首，那人却在灯火阑珊处"，此第三境也。

【译文】　古今凡是有大作为的人，必须经过三种境界：一是在逆境中，心志不衰，勤于探索；二是为了实现自己的理想，不畏千辛万苦，敢于牺牲；三是经过艰苦探索，豁然领悟，突破一点，终于取得成功。

温故知新　不可懈怠

【原文】　朝益暮习，一此不解。

【译文】　上午学得新知识，下午就复习，天天如此，要不懈怠。

少壮而怠　时不待人

【原文】　壮则怠则失时。

【译文】　年轻时过于懒惰，就丧去了最宝贵的时光。

逝时如水　不舍昼夜

【原文】　子在川上，曰："逝者如斯夫！不舍昼夜。"

【译文】　孔子站在河岸上，叹息道："消逝的时光像河水一样呀！日夜奔流而去。"

日知所亡　月记所能

【原文】　日知其所亡，月不忘其所能，可谓好学也已矣。

【译文】　每天知道所没有知道的东西，每月不忘掉所已经掌握了的东西，这可以说是好学了。

士之求学　无憾方安

【原文】　士朝而受业，昼而讲贯，夕而复习，夜而计过，无憾后即安。

【译文】　学士早晨学习老师讲解的知识，白天研究这些知识并做到融会贯通，傍晚复习它，夜间温习全天的经过，没有因虚掷光阴而感到悔恨，心里也就踏实了。

老而学习　炳烛之明

【原文】　晋平公问于师旷曰："吾年七十欲学，恐已暮矣。"师旷曰："何不炳烛乎？"平公曰："安有为人臣而戏其君乎？师旷曰："盲臣安敢戏其君乎？臣闻之，少而好学如日出之阳，壮而好学如日中之光，老而好学如炳烛之明，孰与昧行乎？"平公曰："善哉！"

萨都剌《严陵钓台图》

【译文】　晋平公问师旷："我已经七十岁了，要想学习恐怕已经晚了吧。"师旷说："为什么不点燃起火炬夜读呢？"平公说："哪有臣子和君主开玩笑的？"师旷说：'我这个盲人怎敢和国君开玩笑啊！我听说，年轻时爱学习，就像太阳升起时那样明亮；中年时爱学习就像太阳当顶时那样发光；老年时爱学习，就像燃起火炬时那样闪亮，比黑暗中走路，究竟哪个强些？"平公说："说得真好啊！"

人不读书　其犹夜行

【原文】　人不读书，其犹夜行；二毛之叟，不如白面书生。

【译文】　不读书就像夜里走路容易迷失方向，应趁年轻时奋发图强，否则，人老之时，就后悔莫及了。

少年辛苦　关系终身

【原文】　少年辛苦终身事，莫向光阴惰寸功。

【译文】　少年时多受点辛苦，是关系到一辈子的事，千万不要偷懒而虚掷一寸光阴。

可以属思　惟在"三上"

【原文】　欧阳文忠公谓谢希深曰："吾平生作文章多在三上：马上、枕上、厕上，惟此际可以属思耳。"

【译文】　欧阳修对谢希深说："我一生写文章大多是在三上：马背上、枕头上、厕所上。只有这些时候，才能唤起文思。"

三日不读　语言无味

【原文】　三日不读书，便觉语言无味。

【译文】　三日不看书学习，说起话来便感到枯燥无味。

万事明日　岁月蹉跎

【原文】 后生家每临事，辄曰"吾不会做"，此大谬也。凡事做则会，不做则安能会耶？又，做一事，辄曰："且待明日"，此亦大谬也。凡事要做则做，若一味因循，大误终身。

有《明日歌》最妙，附记于此："明日复明日，明日何其多！我生待明日，万事成蹉跎。世人苦被明日累，春去秋来老将至。朝看水东流，暮看日西坠。百年明日能几何？请君听我《明日歌》。"

【译文】 年轻人每做一件事，总是说"我不会做"，这是非常错误的。一切事情做才能会，不做怎么能会呢？还有，做一件事，总是说："姑且等到明天吧"，这也是非常错误的。一切事情要做就做，如果一个劲儿地拖延下去，就会耽误终身。

鹤滩先生有一首《明日歌》最妙，附带写在这里："明天又是明天，明天怎么那样多！我一辈子都等待明天，什么事情都耽误了。世上的人苦就苦在被明天妨碍，春去秋来晚年就要到来。早晨看着水向东流去，晚上看着太阳从西方落下，人的一生能有多少明天呢？请您听一听我这首《明日歌》。"

年少好礼　其达者也

【原文】 吾闻圣人之后，虽不当世，必有达者。今孔丘年少好礼，其达者欤？吾既没，若必师之。

【译文】 我听说圣人以后不会再有，但一定会有通达饱学之士。现在孔丘年纪很小就喜欢周礼，他就是通达饱学之士吗？我死后，你一定要拜他为师。

不饰无根　无根失理

【原文】　孔子曰:"鲤，君子不可以不学，其容不可以不饰。不饰则无根，无根则失理，失理则不忠，不忠则失礼，失礼则不立。夫远而有光者，饰也;近而逾明者，学也。譬之如污池，水潦注焉，菅蒲生焉，从上观之，谁知其非源也。"

【译文】　孔子说:"鲤，君子不可以不学习，他的容貌不可以不修饰。不修饰就没有仪容，没有仪容就失理，失理就不忠诚，不忠诚就会失去礼貌，没有礼貌就无以立身。离人远远的而有光彩的，是修饰;靠人近近的而更明著的，是学习。比如污水池，雨水、流潦都归趋到那里，菅草、蒲草都生长在那里;从上面看下去，哪个知道他不是活水的源泉啊!"

倦立思远　不如近行

【原文】　倦立而思远，不如近行之至也。

【译文】　如果老是站在那儿想走到远方，倒不如立即开始行动，就是很远的地方也能走到。指做事光有想法不行，还应有实际行动。

学贵于行　不贵于知

【原文】　学者贵于行之，而不贵于知之。

【译文】　学者贵在把得到的知识运用到实践中去，而不仅仅是了解知识。

力学得之　克广行之

【原文】　力学而得之，必充广而行之。

【译文】 努力学到的东西，必须在广泛的范围内加以实践运用。

学须躬行　只说无用

【原文】 若不用躬行，只是说得便了，则七十子之从孔子，只用两日说便尽，何用许多年随着孔子不去。不然，则孔门诸子皆是呆无能底人矣。

【译文】 如果学习知识不用身体力行，只是口里说说便罢。那以七十余位贤人师承孔子，只需两天就把孔子的学说学到手了，哪里用得着许多年追随孔子，不愿离开。如果不是身体力行地实践所学的知识，孔门诸位高足恐怕都是呆子而已。

学之之博　行之之实

【原文】 学之之博，未若知之之要，知
之之要，未若行之之实。

【译文】 广泛地学习知识比不上认真地掌握知识来得重要，认真地掌握知识又比不上切实地实践知识来得重要。

不患立志　不患立言

【原文】 学者不患立志之高，患不足以继之耳；不患立言之善，患不足以践之耳。

【译文】 作学问的人不怕志向立得不高，就怕不能持之以恒；不怕文

陈洪绶《晞发图》

章里的话说得不漂亮，就怕自己不照着做。

学之五点　行不容缓

【原文】　学、问、思、辨、行五者，第一不容缓则莫如行。

【译文】　就学习、问难、思考、明辨、实践五点而言，最紧要的是实践。

得后见德　德犹得也

【原文】　行而后知有道，道犹路也。得而后见有德，德犹得也。

【译文】　理论是从实践得来的，具有规律性的理论，就好比人们必走的道路一样。内心有了认识，而后体现为德行。因此，德乃是内心认识的体现。

百千义理　行一为实

【原文】　人之为学，心中思想，口中谈论，尽有百千义理，不如身上行一理之为实也。

【译文】　学习时，尽管能善于思考，也能说出很多道理来，但不如能以实际行动去实践其中的一个道理。

俗人不学　以利为隆

【原文】　不学问，无正义，以富利为隆，是俗人者也。

【译文】　不学习又缺乏正义感，只求财富兴隆，这是庸俗的人。

挥汗读书　不求荣达

【原文】　挥汗读书不已，人皆怪我何求。我岂更求荣达，月长卿以销忧。

【译文】　我读书努力的目的，并非为了取得高官厚禄，荣华富贵，而是把学习当成人生的一件乐事。

谋利而学　无入尧舜

【原文】　学者自幼便为谋利计功而学，宜其不足以入尧舜之道。

【译文】　求取学问的人，如果自幼就是为了谋求私利和猎取功名而学习，那么他不能进入尧舜一类圣贤的行列，也是理所当然的。

去功利心　坦夷安泰

【原文】　学者去得一个谋利计功之心，则心下自然坦夷安泰。

【译文】　做学问的人如果能去掉一个谋取功利计取功名的思想，那么，心里就会自然平静安宁。

学者最患　计功谋利

【原文】　学者最患是计功谋利之心，功利二字最害道。

【译文】　研究学问的人，最可怕的是有计取功名谋取名利的思想，"功"、"利"二字对学问之道的危害最大。

减一分利　进一分学

【原文】　减得一分势利，才进得一分学问；进得一分学问，便减得一分势利，所谓义利不容并立也。

【译文】　只有减少一份势利之心，才能增进一份学问；能增进一份学问，也就能减少一份势利之心，这就是所说的道义和功利不能并存。

变化气质　辨别义利

【原文】　凡学以变化气质为先，以辨别义利为主。

【译文】　凡是学问，都是以变化风格为先，以辨别道义和功利为主。

多一功苦　少一群居

【原文】　少一觊幸之人，则少一营求得失之人，而士类可渐以清，抑士子之知其难也。而攻苦之日多，多一功苦之人，则少一群居终日，言不及义之人，而士习可渐以正矣。

【译文】　少一个希图侥幸的人，就少一个营求得失的人，士风就可以逐步清明，然而这些不是士人们所容易理解的。苦心攻读的时间越多，就会多一个苦心钻研学问的人，就会少一个和别人整天凑在一起，胡言乱语的人，这样士人的不良习气就可以逐步端正。